大前研一

從0到1的發想術

商業突破大學最精華的一堂課,

突破界限從無到有的大前流思考法

0から1の発想術

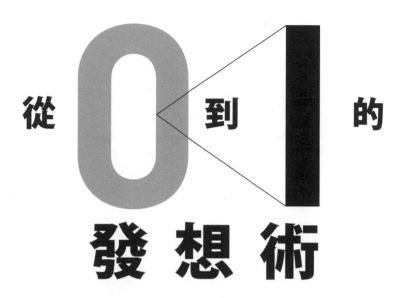

前言——從0到1的創造力為何如此重要？

這是個憑個人之力就能改變世界的時代

在某些公司的新任社長致詞中，經常可以聽見這句話：

「我將承襲前任社長的腳步……」

乍聽之下或許表達了一種謙遜的態度，但事實上我認為會說這種話的人，沒有資格當一位領導者。

為什麼這麼說呢？一位好的領導者，必須隨時思考「如果是自己的話會怎麼做」。「承襲前任社長腳步」這句台詞，等於坦言自己根本沒有在思考。既然身為商務人士，腦中就該隨時描繪自己視為未來目標的位置，並想像自己站上那個位置的樣子。反過來說，「等站上那個位置再說」這種隨遇而安的態度，不但想不出劃時代的創意，即使成為領導人，事業也絕對不會順利。

或許有人會說：不，我又不需要成為領導人，也不可能當上社長……。

這種想法是錯的！

過去經濟高度成長及泡沫經濟那種前所未有的景氣是不可能再出現了，只要跟著周圍的大環境行動就能加薪的時代也已經結束。環顧整個世界，難民問題與希臘危機等問題四起，圍繞商務人士的環境正以超高速度持續變化。

另一方面也有這樣的例子。曾是我史丹福大學計算機科學博士班同學，生於一九七三年的謝爾蓋・布林（Sergey Brin）與賴利・佩吉（Larry Page）於一九九八年創辦的企業，眨眼之間席捲了全世界。沒錯，就是Google。Google的時價總額於二〇一五年時曾一度達到五十兆日圓。

他們並不隸屬大企業，只是學生。不只如此，謝爾蓋・布林還是東歐系猶太人，是從俄羅斯移民美國的少數族群。然而，「如果自己做一個搜尋網站的話……」他們憑著這一個念頭創立了Google，徹底改變了全世界的網路環境

——以個人的力量改變了世界。

換句話說，現在的世界是一個憑個人的創新思想就能產生變化的世界。蘋果的史提夫・賈伯斯（Steve Jobs）、微軟的比爾・蓋茲（Bill Gates）、亞馬遜的傑夫・貝佐斯（Jeff Bezos）都是如此。他們從個人出發，以創新的力量改變了世界。

也可以說，現在這個時代，每一個商務人都必須以**個人**的姿態戰鬥，不是以組織，而是以個人力量一決勝負。

民族國家的終結

那麼，為什麼二十一世紀初期的現在，會這麼需要創新力呢？

事實上，在二十一世紀的世界，至今持續了兩百年左右的**民族國家**（Nation state）都將轉變為**地域國家**（Region state）。再進一步細想會發現，創造財富的源泉將轉移為個人。甚至有人認為，連權力都會從國家轉移到個人手中。

舉例來說，印度的海德拉巴（位於印度中南部，是泰倫加納邦的首府），在幅員廣大的市郊設立了科技城經濟特區，除了印度國內的資訊科技產業外，包括微軟、Google及亞德諾半導體等來自全世界的資訊科技產業皆聚集於此。

同樣在印度，人口數排名全國第三的城市邦加羅爾（位於印度南部，卡納塔克邦首府）則擁有印度軟體科技園區、國際科技園區與電子城三大工業園區，人稱「印度矽谷」。邦加羅爾證券交易所也是南印度最大的證券交易所。

這代表印度的經濟並非由民族國家帶領，而是由海德拉巴和邦加羅爾等地域國家主導。印度堪稱是地域國家的集合，這也是印度近年發展的一大要因。

事實上，中國也是地域國家的集合，可別被表面上一黨獨大的中國共產黨給迷惑了。早從二〇〇〇年代開始，中國各省即開始採用各自不同的權限與戰略，在彼此的刺激中持續成長。

再看歐美國家，早已來到光憑傑出的個人力量即可為地域帶來繁榮的階段。前面提到微軟的比爾．蓋茲、蘋果的史提夫．賈伯斯以及亞馬遜的傑夫．貝佐斯都是如此。

舉例來說，麥克．戴爾（Michael Dell）十九歲時，以僅僅一千美金的資金創立電腦公司，構築了電腦業界首創的直銷制度，不透過銷售店鋪或代理店，直接接受顧客訂單生產販售，並將公司發展成世界知名的大企業──戴爾電腦。該公司總部所在地的美國德州首府奧斯汀，當年便因戴爾的崛起而急速成長，年成長率高達百分之二十。可以說是麥克．戴爾這個個人為該地區帶來了如此繁榮。

說起來，過去那種「國家＞地域＞個人」的公式已經轉向，如今正持續朝「個人＞地域＞國家」的公式不斷變化。每個個人所創造的財富與誕生的創意，皆對世界經濟造成極大的影響。而現在，網際網路的發展更是加速了這樣的趨勢。

卡拉OK資本主義

網際網路會帶來什麼呢？從負面角度來看，就是一種**反覆性**。美其名為資訊社會，其實只是相同資訊的大量拷貝、大量流通。

瑞典經濟學家喬納斯．瑞德斯卓（Jonas Ridderstrale）與謝爾．諾德斯壯（Kjell A Nordstrom）在著書《卡拉OK資本主義》（*KARAOKE CAPITARLISM*）中，便指出現代人在自己沒有創造出任何東的卡拉OK資本主義下隨波逐流的事實。他們強調，能創造財富的人，其實是即使沒有卡拉OK也能有所表現的人。換句話說，個人創意是最重要的事。

網際網路正可說是典型的卡拉OK資本主義。有不少人擅長運用SNS（社群網路服務）或擅長上網找資料，就誤以為「自己擅長資訊科技」。事實是，只有能運用程式語言，靠自己的力量創立搜尋網站的創造者，才稱得上是「擅長資訊科技」。只不過悠遊於社群網路就為此感到自豪的人，和在卡拉OK裡唱歌好聽的人沒兩樣。真正考驗實力的是什麼？是你能不能在沒有伴奏的清唱狀態下歌聲依然優美動聽。

在這樣的時代中，商務人士又該如何自處？正如個人能夠取代國家與地域，商務人士也必須成為取代企業的存在才行。如果無法做到這個地步，連是否能生存下去都很難說。

商務人士想在這個世界生存，必備也是最重要的技術就是**從0到1的創造力**，也可以說是**無中生有的創新能力**。

如果你是茨城縣知事……

比方說，在我創設並擔任校長的商業突破大學（Business Breakthrough University，簡稱BBT大學）研究所中，以目前正在發生中的商業或經濟動態為基礎，帶領學生思考「如果我是○○的社長……」，透過名為RTOCS（Real Time Online Case Study）的個案研究，讓學生每週研究一個案例，兩年下來累計一百個案例的課程，就是一種磨練創新能力的方法。

相較之下，其他商業學校的個案研究案例多半過時老舊，甚至包括已經倒閉或被併購的公司事例，供學生探討的都是早已有答案的問題。就連我曾擔任教授的美國史丹福大學也在課堂上使用相當過時的案例做教材。至於日本的商業學校，使用史丹福大學或哈佛大學五年前或十年前製作的過時案例供學生學習的情況更是常見。換句話說，這些個案研究的事例，幾乎都是一開始就知道答案的東西。

然而，企業面臨的環境瞬息萬變，十年前的正確答案，拿到今天來看未必仍是正確解答。在今天這個時代學習過去的事例，拿到眼前商業第一線來看，大都無法派上用場。進行個案研究時，如果不能拿當前仍未有答案的即時事例做為對象，或是無法帶領學生持續思考「如果我是〇〇的社長……」之類的問題，學生將永遠學不會可以實際應用的解決問題能力。

不過，以當前的、即時的事例為研究個案時，目的絕對不是找出正確解答。重要的是如何養成靠自己收集資訊、取捨選擇、分析並基於事實考察，最終導出屬於自己的結論，這樣的鍛鍊過程不但重要，在反覆鍛鍊之中才能養成創造力和解決問題的能力。

那麼，所謂即時的個案研究，具體來說是什麼樣的訓練呢？

請試著思考這樣的問題。

Q：如果你是全日本都道府縣魅力排行榜上連續三年吊車尾的茨城縣知事，你會怎麼提高該縣的排名？

以下是我的想法。

一提到茨城縣，或許很多人只會想到納豆和水戶的偕樂園吧。然而事實上，茨城是各種農畜產與水產品的大寶庫，青椒、白菜、萵苣、茄子、蓮藕、哈密瓜、雞蛋、沙丁魚、鯖魚、養殖香魚與蝦子等的全國市占率都是第一名。綜合以上條件激盪創意，我想出了活用茨城縣的新鮮食材，打造出「美食之縣」的概念。不過以整個縣為對象範圍太廣，最好鎖定其中一個城市塑造「在地生產、在地消費的美食之城」，再加以宣傳推廣。

說得更具體一點，我想做的不是一般流行的庶民美食，而是找來十位頂尖的世界知名料理人，打造一個到處都有可媲美米其林星級餐廳的城市。也可說是以美食之城的名號，吸引來自世界各地老饕的聖塞巴斯提安（位於西班牙巴斯克自治區）的茨城版。如果我當上茨城縣知事，為了提高該縣的魅力度，我會將火力集中於此。

透過訓練培養的創新能力

上述案例學習的重點在於，創意不只是隨口說出腦中浮現的東西就好，而是必須靠自己花時間收集基礎資料，分析類似案例並掌握現狀之後，累積事實建構理論；同時還要更進一步依據這套理論發揮自己的想像力，激盪出更多創意火花。一次又一次不斷反覆訓練，當有一天輪到自己解決問題時，自然能想出解決問題的方法，擁有創新能力。

正如Google的共同創辦人之一謝爾蓋．布林的例子告訴我們的，事業的機會並不假外求，而是要反求諸己——這正是「創意」的本質。說得更極端一點，只要改變自己就能改變全世界。

為了真心想練成無中生有創新能力的人，我將介紹以下十一種思考方法。

1. SDF／戰略上的自由度（Strategic Degrees of Freedom）
2. 套利（Arbitrage）
3. 全新組合（New Combination）
4. 對固定成本的貢獻（Contribution to the fixed cost）
5. 數位大陸時代的創新（Digital Continent）
6. 快轉思考法（Fast-Forward）

7. **有效利用閒置事物的創意（Idle Economy）**
8. **中間位置的創意（Interpolation）**
9. **RTOCS／以他人的立場思考（Real Time Online Case Study）**
10. **這一切有何意義？（What does this all mean）**
11. **構想力（Kousou）**

這十一種方法可說是突破自己極限，從0中創造1、從無中生有的大前式創新思考的原點。也是從現在的思考往上跳躍，使其更上一層樓的思考飛躍。

接下來，我會在本書中針對每項概念方法進行詳細解說。希望各位在讀完本書後，透過思考養成從0到1的創造力，得以在這個瞬息萬變的現代社會中生存。

二〇一六年四月　大前研一

目　次

大前研一「從0到1」的發想術

基礎篇

「從0到1」的11種發想術

1

SDF／戰略上的自由度

——如何正確掌握消費者的需求

（Strategic Degrees of Freedom）

為了養成創意與創新能力，第一個要學的思考術就是「戰略上的自由度」（SDF＝Strategic Degrees of Freedom）。

把戰略上的自由度排在第一優先，是因為這是「從使用者角度出發的創意思考」，也是一切的基礎。事實上，如果沒有戰略上的自由度，一個企業甚至可能面臨存亡危機。在說明什麼是戰略上的自由度之前，先來看看以下這個企業的案例吧。

夏普日益衰微的原因

曾有一個時期，夏普生產的液晶電視擁有日本全國百分之八十的市占率，堪稱業界的領頭羊。

二〇〇〇年代可說是夏普的時代。

在二〇〇一年正式商品化的暢銷液晶電視AQUOS推波助瀾下，夏普二〇〇二年度的營業額約兩兆日圓，在五年後的二〇〇七年度急速擴大為約一點五倍的三兆四千一百七十七億日圓。並於二〇〇四年一月成立總投資額高達一千億日圓的液晶製造廠「龜山第一工廠」。

夏普將事業的重心移向液晶電視，原本二〇〇二年營業額約八百五十億日圓，出貨台數約九十萬台的液晶電視，到了二〇〇六年已成長為營業額約六千一百三十五億日圓，出貨台數約六百零三萬台。同年，龜山第二工廠正式啟用。此時正是「龜山機種」最盛行的時期，或許也是夏普的全盛時期。

不料狀況從二〇〇八年秋天金融風暴後大幅轉變。包括對韓國與台灣液晶面板工廠過度投資，及世界經濟的不景氣等各種因素交錯影響下，液晶面板的價格陷入一年跌落百分之三十的景況。

不只如此，這時龜山機種已不再具有品牌吸引力。夏普的液晶電視無論機能、品質與品牌力都難以與競爭商品做出區隔，消費者在購買時往往傾向以價格做選擇，也就是所謂的「商品大眾化」。

我們可以在這裡看到企業過度崇信技術的病灶。

正如當時夏普經營層引以為傲的，龜山工廠的液晶面板技術，或許確實凌駕於韓國或台灣之上。然而，若說消費者在選擇購買時，是否會視其為與其他廠牌產品的差異，那又未必。即使技術本身確實更加優越，消費者用肉眼觀賞時若分辨不出，也就等於沒有差異。

問題在於技術人員往往容易犯下一個錯誤，以為技術上的差異就是區隔產品的差異，殊不知無法反映在價值上（對消費者來說無關緊要）的技術，根本就稱不上是區隔產品的差異。結果夏普的液晶電視就在無法提昇品牌力的狀況下，捲入了削價競爭的戰場。

這一戰令夏普陷入嚴重赤字，甚至陷入不得不請求其他公司救援的窘境。

消費者的需求是什麼？

品牌的力量，就在於足以影響價格的價值。反過來說，若是不具備這種價值的 one of them，在消費者眼中就不是具有吸引力的品牌，只會淪為眾多商品之一。夏普的問題出在錯認龜山機種具備特別的價值，證據就是「世界的龜山機種」這句廣告詞並非來自外界的評價，而是夏普自己打出的宣傳語句。

夏普追求高性能的液晶電視，甚至將解析度提升到超過人眼所能辨識的程度（0.1mm）；人們根本無法察覺箇中差異，結果導致大多數的消費者在選擇商品時，最後決定的因素不是解析度，而是價格。換句話說，大眾化的商品要與競爭對手做出區隔變得很困難，在這樣的領域中，以日本堆疊成本的方式競爭時，便無法做出足以維持高價的差異。夏普產品訴求的「畫質之美」，看在消費者眼中與他國其他廠牌產品並無太大差異。

在這裡，我們必須思考的正是戰略上的自由度。

所謂戰略上的自由度，指的是能夠提出多少戰略方向，方向越多，自由度就越高。具體來說，就是盡可能找出能滿足消費者需求的方法，從中擬定競爭對手無法追隨，具備自家優勢又能夠長久持續的戰略。

至於為什麼一定要檢視戰略上的自由度，原因是若不立定改善的方向，像無頭蒼蠅般一味衝刺的結果，只會造成時間與金錢的浪費。

還有一點——也是最重要的一點，必須再次確認如何滿足消費者的目的。

技術人員容易犯的毛病，是他們往往誤以為「自己該做的只有把最棒的技術提供給消費者」。換句話說，他們的思考往往站在「自己想提供什麼給消費者」的出發點。

最具代表性的例子就是夏普的液晶電視。消費者需要的難道是液晶技術上的些微優勢嗎？肯定不是。因此不該是以企業的立場思考，打從一開始，創意的命題就該是消費者的需求是什麼（＝目標函數）。商品提供者必須隨時並持續問自己這個問題。

若說第一步是自問「消費者的需求是什麼」，第二步就是舉出有哪些方法能夠滿足消費者的需求。在設定出能夠達成目標的幾種方法（軸心）時，必須先舉出所有技術上可行的做法，最後再沿著軸心思考真正能做到的方法是什麼。基本上，這就是實行「戰略上自由度」的三個步驟。

舉近期家電製品成功案例，就有戴森氣旋吸塵器和無扇葉風扇，以及iRobot公司的掃地機器人Roomba。過去索尼的WALKMAN隨身聽也可以說是此類成功製品之一。

咖啡機的成功案例

拙作《新・企業參謀》中也曾介紹我在麥肯錫時代實際擔任顧問的企業案例，因為是個非常清楚易懂的例子，在此再次引用。

那是日本某家電廠商的案例。該廠商正苦惱於如何開發一款新的咖啡機。當時市面上有奇異（GE）的濾過式與飛利浦的滴漏式兩種咖啡機。該廠商將這兩種形式拿來比較討論，不知道是前者的濾過式較好，還是後者的滴漏式較佳，也苦惱於該選擇大型咖啡機還是小型咖啡機比較好。

1. 濾過式／大型
2. 濾過式／小型
3. 滴漏式／大型
4. 滴漏式／小型

從頭到尾，廠商狹隘的討論就不出這四種組合。在這樣的討論中，看不見戰略上的自由度。他們雖然想做出比其他廠牌更優異的咖啡機，但那只不過是手段，並非目的。他們將手段與目的混淆在一起了。

身為該公司顧問的我提出建議，指出其實有其他更應該討論的點，那就是消費者的需求是什麼。

比方說，消費者為什麼喝咖啡？喝咖啡的時候重視什麼？只要認真思考「如何提供給顧客比現在更有價值的東西」，首先一定會如此自問。一旦找到這個問題的答案，就能釐清商品開發的方向。

最後他們找到的答案非常單純也理所當然。答案就是——好喝的咖啡。驚人的是，當初在「濾過式／大型」等四個象限裡比較討論時，竟然完全沒有討論到該怎麼做才能煮出好喝的咖啡。也就是說，當初的討論根本將顧客置於腦後了。

我繼續問。

「為了讓顧客喝到好喝的咖啡，技術人員能做什麼呢？」

對於這個問題，技術人員用一臉理所當然的表情回答「開發煮得出好咖啡的咖啡機」。然而，當我進一步問了下一個問題，技術人員們又再次陷入沉默。我的問題是：

「那麼，決定美味咖啡的要素是什麼？」

追根究底，「如何煮出好喝的咖啡」才是最大的課題。

於是我們全力總動員，列出所有與咖啡味道相關的要素。結果發現，左右咖啡味道的要素非常多。咖啡豆的種類就別說了，就連咖啡豆的粒徑分布、熱水溫度和水質，都是影響咖啡滋味的重要因素。

這些要素給了設計咖啡機的技術人員們戰略上的自由度。為什麼這麼說呢？因為技術人員可以據此研究所有讓咖啡變得更好喝的途徑。比分說，光是將著眼點放在咖啡豆上，就能從品質、新鮮度、磨豆篩豆的方式，到咖啡豆的投入方式與注入熱水的時機等種種角度挖空心思開發設計，對技術人員來說，也更容易提出好點子。

反過來說，如果只從「濾過式／大型」那四個象限做選擇，結果會怎麼樣呢？技術開發的途徑將會受到限制。為什麼我一開始會說那麼做看不見戰略上的自由度，理由就在這裡。

與競爭對手比較也得不出正確答案

經過詳細討論與反覆調查，我們發現決定咖啡滋味的最重要因素在於水質。然而，無論是濾過式或滴漏式，整體來說，當時市場上的咖啡機完全不注重水質問題，使用自來水煮咖啡也是理所當然的事。除了水質之外，我們還發現豆子的大小是否統一，從磨豆後到注入熱水的時間掌握也是很重要的因素。

另一個發現是，豆子的產地其實對咖啡味道並無太大影響。無論是高級的藍山咖啡豆，還是廉價的哥倫比亞咖啡豆，只要用優質的水和烘焙品質良好的豆子，煮出來的咖啡幾乎沒有什麼不同。有時即使是自稱咖啡通的人也分辨不出兩者的差異，這表示使用咖啡機的消費者只要隨自己喜好買豆子就行了。

站在這個全新的觀點從頭整理咖啡機的必備機能，立刻釐清應該改善哪些地方。第一，需要一個能清除消毒水氣味的除氯機能內膽；第二，需要加上研磨咖啡豆的磨具。加入這兩項機能後，只要再控制好投入咖啡豆到注入熱水的時間，就能讓消費者享受用機器煮出美味咖啡的樂趣。不是濾過式也不是滴漏式，採用第三種方式的咖啡機——一款理想咖啡機的方向就此確立。

擬定戰略計畫時，最重要的是設定正確問題與目標。

以咖啡機的例子來說，由於起初只顧著討論市面上現有商品，導致未能設定煮出好喝咖啡的目標。如果就那樣以比較現有商品的方式繼續開發下去，恐怕頂多只會加上節能（省電）或縮短煮咖啡時間等，對消費者來說可有可無的技術差異吧。一旦做不出消費者需要的差異，也就無法提高品牌力，最後只會落入價格競爭的戰場。好不容易投入人力經費開發新商品，結果帶給企業的卻只有疲弊。

那麼，為了確保戰略上的自由度，該如何設問才最有效呢？

「消費者的需求是什麼？」

「我們能充分滿足消費者嗎？」

「現有商品有什麼令消費者感到不滿的地方？」

「有什麼方法可以解決這個不滿？」

按照以上順序提出這些問題就對了。沿著這條線路思考，就能導出正確的方向。

「消費者的需求是什麼？」丟出這個會令人回頭反思的基本問題，能夠放鬆開發者僵化的腦袋。如果沒有丟出這個問題，不管再怎麼詳盡分析競爭對手的商品，或是花多少費用進行市場調查，投入多少技術資本，結果還是會犯下愚蠢的錯誤，只能生產出消費者不屑一顧的商品。

洗碗機在戰略上的自由度是什麼？

在此出一道習題吧。

Q：消費者對洗碗機的需求是什麼？

為了減輕洗碗造成的負擔（想獲得輕鬆）；為了省去洗碗所費的時間和精力（想節省時間）——消費者購買洗碗機的動機，大概不出這兩項吧。

然而，光是這樣，並無法建立戰略自由度的軸心。商品開發者必須深入了解消費者實際上是怎麼使用洗碗機才行。

舉例來說，花王「生活者研究中心」做過一項名為〈洗烘碗機使用者的意識與行動實態〉的調查（二〇〇六年）。根據這項調查，發現有八八％的使用者會大致沖洗過碗盤後，才放入洗碗機清洗。這麼做的原因包括「不先沖洗一遍就放進洗碗機的話，會洗不乾淨」、「有時較頑固的污漬光靠洗碗機仍洗不掉」、「洗碗機得開很久才洗得乾淨」等等。這些也可以說是消費者對洗碗機的不滿。實際上，就算一吃完飯馬上將碗盤放入洗碗機清洗，還是經常殘留洗不乾淨的污漬或黏住的飯粒，如果想完全洗乾淨，就必須追加洗碗精，延長開動洗碗機的時間。

因此原本期待減輕家事壓力的使用者，卻必須事先花時間精力沖洗，如果不先沖洗又會留下殘漬，結果反而帶來新的壓力，這又是何必呢？

根據我實際進行的調查，幾乎沒有消費者表示「餐具放入洗碗機洗好後，立刻就想取出使用」。超過九〇％的消費者的情況是，晚餐的餐具放入洗碗機後，直到隔天早餐之前都不會拿出來使用；換句話說，大多數的使用者也同時把洗碗機當作碗櫥，用來暫放餐具。

於是為了實現消費者減輕家事壓力和將碗盤污漬洗乾淨的兩項目的，我提議的方法是：「將餐具浸泡在洗碗機中一個晚上再清洗。」具體來說，將餐具和洗碗精放入洗碗機後，先用熱水或清水浸泡一定時間再行清洗，如此一來，就能取代事先沖洗的步驟。再者，只要算準時間啟動洗碗機，趕得上下次用餐時有乾淨碗盤使用即可，這麼做不但可以節省用水和清洗時間，也能減輕使用者的家事負擔。

這類戰略自由度的思考模式，可以應用在各種地方。

比方說，應用在冷氣機上，消費者的需求應該就是「打造舒適的室內環境」吧。既然如此，就該思考影響此一目的的因素是什麼？可舉出的有溫度、室內寬敞度、濕度等。就像這樣，找出提高商品效率的軸心（自由度的方向），沿著這條軸心擴展對商品的創意想像。

如果是洗衣機呢？吸塵器呢？……就當作是練習，先從自己身邊的家電製品開始思考看看吧。

不需開發經費，靠創意取勝

過去我曾運用戰略上自由度的思考方式，協助某製藥公司開發新藥。新藥的開發往往需要耗費超過十年的歲月，也有數據指出，藥物的候補化合物正式成為新藥的機率約為一萬分之一，開發一種藥物的費用約需數百億日圓到一千億日圓以上。在TPP（跨太平洋戰略經濟夥伴關係協議）的談判中，針對新藥專利權的期限，主張盡可能延長的美國與主張縮短的澳洲等國家長期爭議不下，也衍生出新藥開發費用高漲與風險等問題。

我在參與新藥開發工作時，將著眼點放在現有的藥物上。因為組合國內已認可的藥物，或是只變更錠劑的形狀，比較容易取得厚生勞動省的許可。

那時我首先請製藥公司的全體員工，以一年時間紀錄自己身體的異常、不滿、不快感等現象。換句話說，就是將員工視為「使用者」。這個做法的好處是不需額外花費調查成本。

收集全體員工一年之間的紀錄資料，意外地發現了一件事。原來人的身體有那麼多各式各樣說不出病名，只是感覺輕微不適與不快感的症狀。回收的資料中，描述的大半都是無法清楚分類為頭痛或胃痛等病名的記錄。

比方說，「突然覺得很睏」、「早上起床時有些暈眩」、「排便不順」、「脹氣嚴重，放了很多屁（可是又不好在人前放屁）」……等等，都是程度尚未嚴重到需要上醫院的不快與不適——製藥公司也未做出任何針對這類狀況的藥物。

統整員工們身體的不適與不滿，將資料提給新藥開發團隊，輕易就得到了幾種對治這些症狀的可能方法。比方說，想減緩這種症狀就要用A這種藥，想消除那種不適感只要再加入B藥或C藥就可以了。就像這樣，團隊不斷提出各種想法。換句話說，材料就在手邊，只是一直以來都沒有找出目標函數，所以始終沒能正確掌握商機。最後這間製藥公司綜合了可由醫師開立處方使用的既有「醫療用藥品」，在市面上推出了OTC——意指隔著櫃台販賣的藥——也就是「非處方藥品」（大眾藥品）。

結果，隨著多種新OTC藥品的誕生，這間製藥公司獲得很大的收益。這個例子的重點是，這家企業並未如過去那樣耗費龐大的開發經費，新藥的成功靠的唯有創意。

請員工寫下一整年身體上的不適與不滿，透過這件事掌握使用者的目的

（目標函數），確保了戰略上的自由度。說的直白一點，「就只是做了這件事」。

然而反過來說，只要擁有戰略上的自由度，據此發揮創意，就可能獲得超乎想像的財富。

目的會隨著時代改變

話雖如此，想掌握消費者的使用目的比想像中還困難。每個人的腦袋都僵化了，變得不容易站在消費者的立場思考。以剛才提到的製藥公司案例來說，還得委託全體員工花一年時間做記錄，才能夠掌握消費者的使用目的。

同時，也千萬不要忘記，消費者的使用目的會隨時代不斷改變。

比方說吸塵器。消費者的使用目的肯定是「把房間打掃乾淨」，這是毋庸置疑的吧。以最大限度滿足這個目標函數的商品就是戴森的吸塵器。然而，看看最近的事例，恐怕還得加上「想要輕鬆打掃」這個目標函數。滿足了消費者這個希望的商品，就是美國的機器人企業iRobot公司於二〇〇二年發售的掃地機器人Roomba。Roomba在日本於二〇〇四年上市，至二〇一三年十月底為止，日本國內的累積總出貨數突破一百萬台，也是第一個達到這個數字的掃地機器人。由此可見，鎖定輕鬆打掃這個目標函數並沒有錯。

那麼，回頭看看日本國內家電製造商的情況又是如何。可悲的是，各廠牌始終圍繞著打掃效率與靜音等條件展開規格競爭，對掃地機器人的開發落於美國之後，後來才跟風推出仿效Roomba的掃地機器人。就技術層面來說，掃地機器人的開發應該不難，只是企業沒能及時掌握消費者想輕鬆打掃的需求，沒有隨著時代變化與進化的結果，只能跟隨iRobot的腳步。

追根究底，日本企業經常無法好好掌握目標函數。

舉例來說，挑出某種商品最近一百個暢銷例子來看時，企業總是搞不懂消費者究竟為了何種目的購買該商品。與競爭對手的商品進行比較之際，也總是著眼於規格，而看不到目標函數。殊不知最重要的是從消費者的使用目的中釐清與競爭對手相比失敗或成功的原因，才能真正達到戰略上的自由度。

此時的重點有下列三項。

1. **思考消費者的使用目的。**
2. **設定達成目的的數種軸心（方法）。**
3. **沿著軸心討論能做什麼。**

不是站在公司的立場想能提供什麼給消費者，而是思考消費者的需求到底是什麼。換句話說，最重要的就是站在消費者的立場。釐清消費者的需求（使用目的）之後，下一步就是擬出幾種能夠達成該目的的方法（軸心）；沿著這些方法的軸心討論具體能做什麼，並加以實踐。這就是符合戰略上自由度的思考術。

不過希望各位不要誤解，戰略上的自由度並非**教戰手冊**。別以為只要沿著上述三點依序完成，就能解決問題。

戰略上的自由度只是在思考遇到挫折時的應對方法。比方說，無論如何都想不出好點子時，商品開發淪於老套時，請試著換個角度立場，想想「消費者的需求是什麼」。如此一來，腦中就能獲得刺激，展開新的創意想像。

這種訓練不必只限於自己的業務。不妨試著揣想「如果我是販賣○○的商品部的部長會怎麼做？」「如果自己是○○的使用者會怎麼想？」等等，盡可能舉出各種事例，在腦中進行演習。藉由這樣的訓練，可以刺激你的思考創造力，使其更上一層樓。

2 套利（Arbitrage）——商機就在資訊落差處

引發亞洲金融風暴的套利

「套利」（Arbitrage）這個詞彙，通常用在金融交易上。日語翻譯為裁定交易或賺取價差，意指利用兩種不同市場價格，從中獲得利益的交易行為。舉例來說，在一個股市中買入股票，幾乎同時在另一個股市中賣出，賺取其中產生的價差，這就是套利。日語中的套利是外來語，原文來自法語，如今也使用於英語圈中。

金融交易中最具代表性的套利，就是朱里安．羅伯遜（Julian Rovertson）引發的亞洲金融風暴。

朱里安・羅伯遜是與喬治・索羅斯（George Soros）及邁克爾・斯坦哈特（Michael Steinhardt）同被稱為套利基金草創期三巨頭的人物。他在一九九七年時，透過分析泰國經濟而察覺了一件事——原來當時的泰國在良好經濟條件並不齊備的狀態下，泰銖與股票市場的狀況卻非常好。

儘管來自世界各地的資金正大量流入泰國，泰國本身的實體經濟其實不太好呢。對泰國經濟基本面抱持高度懷疑的朱里安・羅伯遜，從這個狀況中看出了**落差**。

於是，他投入所有資金，以槓桿操作的方式拋售泰銖，這種做法稱為拋空（short sell），對他而言，這是泰銖價值變得越低，就能賺越多錢的交易。

這麼一來，原本圍繞著泰國的投資客們開始察覺泰國就像「國王的新衣」中的國王，驚覺現實的投資客紛紛放掉手中的泰銖與股票，造成泰銖匯率與股票急速貶值。泰國政府雖然動用外匯存底死命捍衛泰銖，依然很快就達到了極限，羅伯遜獲得最終勝利。

結果泰銖快速而激烈貶值的情況波及印尼、韓國等周邊國家，對亞洲各國經濟造成嚴重打擊。上述三國也因這次的通貨危機，被納入國際貨幣基金組織管理之下。朱里安・羅伯遜以個人之力，藉由套利這項行為將亞洲經濟逼入地獄般的絕境，當時受到重創的亞洲諸國，經濟力起碼倒退了十年。

若實體經濟與實際股價落差沒有這麼大，雖然無法以同樣地手法大量拋售，只要如當時泰國那樣出現經濟泡沫，就會產生落差，像朱里安・羅伯遜這樣以手頭資金數十倍規模賣空貨幣，就能加速只想搭泡沫經濟便車的投資客脫手，從中套取龐大利益。

這裡有一個事實是，朱里安・羅伯遜徹底看透了泰國的經濟實態。他比任何人都早一步詳細分析泰國經濟，掌握正確情報；然後再以這樣的資訊落差為基礎，從事**買低賣高**的套利行為。除了朱里安・羅伯遜之外，人稱套利基金帝王的喬治・索羅斯也在一九九二年時以一人之力拋空英鎊，將英格蘭銀行逼上破產的境地。從此之後，經濟市場上經常出現這類粗暴投機客動搖世界金融市場或國家的情事。

換句話說，套利就是一種**藉由資訊落差賺取價差**的行為。

UNIQLO急速成長的原因

套利的效果並不僅限於金融市場。在一般商業行為中，也能運用套利的思考方式。

如前所述，套利原本指的是利用兩個不同市場上的價格差異獲取利益的行為，拿到商業市場上，就成了「用世界上最便宜的價格買進最好的東西，再拿到世界上價格最高的市場出售」；又或者是將傳統的價值鏈加以分流，以產地直銷的型態銷售。在商業的世界裡，以套利模式賺錢是天經地義的事。

那麼，套利得以成功的條件是什麼？

那就是前面提到的資訊落差。資訊技術的發達，造成掌握資訊者與未掌握資訊者之間的落差。事實上，這在現代造成的影響非常巨大。因為套利就是從市場價格落差獲利，掌握資訊落差就能產生充分的利益。換句話說，懂得利用資訊落差的人，就能掌握龐大商機。

旗下擁有UNIQLO的迅銷，就是利用資訊落差，發展為巨大企業的例子。

從採購原料到將製品或服務送到消費者手中，這一連串的企業活動又稱為價值鏈，可視為一連串環環相扣的價值活動，但迅銷的做法，則是跳過傳統的價值鏈。

為什麼UNIQLO的商品價格如此低廉還能賺錢？因為他們在中國的工廠製造自己設計的東西，然後直接拿到自家店面販售。UNIQLO和消費者之間沒有**隔閡**。因為不須透過中間的批發商或商社斡旋，所以可以提高營利。換句話說，就是**縮短通路**。

UNIQLO急速成長前，日本服飾業界習慣的做法，是即使同樣是在中國工廠製造的商品，也會透過批發商或中間商社向工廠下訂單，再透過代理店銷售。對當時的業界而言，這是天經地義的做法，也從沒想過採用別種方式。

相對地，UNIQLO則著手研究中國的物流系統和原物料供應系統，發現縮短通路的可行性很高。這個發現就是資訊落差。因為擁有了別人沒有的資訊，UNIQLO成功將成本徹底壓低，破壞原本的價格常識，建立即使一件衣服賣一千九百日圓也能賺錢的系統。這就是一種利用資訊落差達成的套利。

不過，千萬不要誤會縮短通路等於套利。

UNIQLO成功之後，其他廠牌開始研究它的做法。於是，縮短通路方式普及化，UNIQLO也失去了原有的優勢。因為資訊落差已經被填平了。事實上，最早採用這種模式的，是美國大型成衣廠牌GAP。這種模式稱為SPA，是「Speciality store retailer of Private label Apparel」的縮寫，又稱為製造零售業。家具方面，則有源自瑞典的IKEA，同樣以製造與零售一體化的經營方式，在世界各地獲得成功。宜得利家具也採用相同模式，成為日本國內家具業界的龍頭老大。

和UNIQLO一樣以套利方式獲得成功的還有QB HOUSE。

一般理容院、美容院除了剪髮外還會加入洗髮與吹整的服務，男仕理容院則會幫客人刮鬍子。然而，正如我於四十年前的著書《企業參謀》中指出的，如果顧客把洗髮與吹整的步驟帶回家自己做，就能省下不少時間與人力。不受過去的習慣拘束，找出資訊落差的美容院就是QB HOUSE。他們的分析是，上美容院的顧客中，也有不少人認為不需要洗髮與吹整服務，從而確立了「十分鐘一千日元（目前已更改為一千零八十日圓）只限剪髮」的嶄新經營型態，如今包括海外分店在內，QB HOUSE已發展為擁有六百家店舖的優良企業。

QB HOUSE也是套利成功的例子，不過和UNIQLO一樣，QB HOUSE成功之後，同業爭相研究仿效，陸續出現了提供同樣服務的理髮院。由此而知，套利的概念有其**賞味期限**，一旦過期就得面臨同業群起仿效的攻勢。今後QB HOUSE也必須朝下一個階段邁進，想出新的創意才行。

套利有賞味期限這件事，站在業者的角度看或許是個問題，對消費者來說卻未必是壞事。若是業者在應用套利概念時能夠帶來品質更好的產品或服務，以適當的價格推廣，對社會（消費者）而言反而是好事。

對資訊求之若渴的盛田昭夫

也有人用**資訊不對等**來形容資訊落差，若能巧妙運用在價格非常高的市場上決勝，當然就能**套得**更多的利益。如前所述，全球化商業活動最重要的就是採購世界上最好又最便宜的東西，在世界上能賣出最高價格的市場上銷售。因為當中產生了和一般商品、服務或價格之間的落差，所以才能成為一門賺錢的生意。

然而，一旦競爭對手也開始察覺同樣地資訊，商品或服務的品質與價格都會趨向一定的落點，原有的落差也就此消失。

如此一來，為了提高利益，大部分的狀況都是朝更徹底落實縮短通路的方向進行，只不過到了這個地步就不再是套利，只是單純的降低成本與經營努力方針罷了。

那麼，該怎麼做才能強化套利的概念與想像呢？我認為，保持對資訊的渴望就是其中很重要的一環。

有位家喻戶曉的經營者便很認真鑽研資訊落差，就是索尼的創業者，已故的盛田昭夫。

有一次，盛田昭夫搭公司車前往成田機場時，在抵達機場前幾公里處發現路上有測速照相，他立刻打電話聯絡祕書室的負責人，下令「通知全公司，成田機場前○○處有測速照相，請大家行經時注意車速，不要因違規而遭到取締。」他認為，若不立刻與員工分享這項資訊，有可能造成員工的損失。盛田氏本身並非運用套利技巧提高公司獲利的經營者，但是他對身邊一切資訊始終保持高度關注，可說是一位對資訊抱持無限興趣的經營者。

索尼的WALKMAN隨身聽問世後，改變了世界的音樂風景。商品誕生的背景，正是因為盛田氏看到美國年輕人扛著大型卡式錄音機在街頭昂首闊步的模樣，從中察覺「原來人們想邊走邊聽音樂！」在這個小插曲中，就能看出盛田氏對資訊的敏銳度。

或許有人會質疑，在網際網路盛行呈現高度資訊化的現代社會中，還會有什麼資訊落差？實際上，多數日本人也以為自己知道了世界上大部分的事。然而這是錯誤的，世界上還有無數日本人不知道的事。只要能夠善用其中產生的資訊落差，就有可能醞釀出新的創意，轉化為新的商機。

以波蘭豬肉為中心的資訊落差

舉個例子，比方說波蘭的豬肉。

波蘭的豬肉享譽世界，可是大部分日本人卻不知道。日本人熟知的外國豬肉品牌，頂多就是西班牙的伊比利豬。或許是被「吃橡樹果實長大的豬」這句宣傳詞打動的緣故，伊比利豬在日本成為廣受矚目的肉品（不過，與其說伊比利豬的成功是利用了資訊落差，不如說是打形象策略牌而獲得成功的案例）。

相較之下，在美國一提到美味的豬肉，人們就會想到波蘭。波蘭自古就是多元民族國家，廣納周邊所有民族的飲食習慣，建立起波蘭獨特的飲食文化，波蘭國民正可說是美食的國民。波蘭人吃各種肉類，其中最常端上餐桌的就是豬肉。波蘭香腸、波蘭火腿、波蘭培根等加工肉品，在美食家之間的評價也很高。在美國，波蘭培根就是一種品牌，比普通培根貴上好幾倍。

大部分美國人都知道波蘭培根的美味，日本人卻幾乎不知道。

多元民族國家美國有各種人種與民族，對食物的評價也很嚴苛。光是知道波蘭豬肉在這樣的國家廣受好評，就是一條寶貴的資訊。在一個實際做過的實驗中，遮住培根商品名稱請消費者試吃，結果得到最高評價的正是波蘭培根。這就是資訊落差，有充分的條件發展成一門生意。

事實上，美國最大的豬肉加工企業史密斯菲爾德食品（位於維吉尼亞州），已於二〇一三年被中國的雙匯國際以約五千億日圓的價格收購。由於史密斯菲爾德食品將波蘭的消費合作社設立為股份有限公司，擁有波蘭豬肉的獨家銷售權，因此（就我個人的意見）全世界最好吃的豬肉被全世界最喜歡豬肉料理的中國人買下了，這真是個驚人的事實。

十美元就能接受白內障手術

語學教育也開始出現運用套利概念的例子。

英語會話補習班NOVA於一九八一年成立一號店，以「留學車站前」為宣傳口號，急速打響名聲並拓展事業。正如各位所知，該公司曾於二〇〇七年一度破產。不過一小時兩千日圓的學費，在當時來說已十分低廉，廣告裡的NOVA兔也大受歡迎，NOVA瞬間一躍成為業界龍頭，只可惜好景不常。

儘管目前日本仍有不少類似的通學型英語會話補習班，NOVA的破產或許可視為某種預兆。舉例來說，只要利用SKYPE等網路通訊設備，學生在家就能接受英語會話教學了。實際上，以每二十五分鐘一千日圓左右的學費提供美籍或英籍母語人士教學的通訊英語會話課，也已經出現在市面上。

不只如此，更進一步帶入套利概念的，是菲律賓英語會話補習班的例子。菲律賓曾是美國的殖民地，英語是該國的官方語言之一。舉例來說，從多益英語測驗的國別平均分數（二〇一三年）來看，菲律賓平均七百一十一分，與義大利並列世界第十三名。另一方面，日本則是五百一十二分，在發表成績的四十八個國家當中只排上第四十名。

不過英語能力高的菲律賓人與美籍英語教師之間還是有落差，而著眼於這種落差的英語教學事業已經出現了。學生若選擇菲律賓人教師的課程，有時甚至只需支付每二十五分鐘一百日圓的學費；相較之下，是美籍或英籍教師的十分之一。

現在日本有越來越多企業將英語列為公司內部公用語言，這類企業有時也會用SKYPE委託海外的英語講師修改員工以英語寫成的PPT等簡報資料。將網際網路的功用發揮到最大限度的語學教育，今後想必將會越來越盛行。

醫療旅遊也是套利的例子之一。

在日本，於國內接受醫療是理所當然的事，可是其他國家未必如此。比方說英國，雖然有名為NHS（National Health Service）的國民健保，看病幾乎不用花自己的錢，可是如果必須動手術就非得排隊不可，因此有許多病人寧可自費到國外尋求醫療。美國的保險制度雖然也開始出現人稱「歐巴馬健保」的改革，目前醫療費用依然昂貴。每個國家都有各自不同的情況，保險制度和醫療制度的實情也大不相同，在這當中就出現了落差。

利用這個落差發展出來的，就是印度的醫療旅遊。

比方說規模最大的阿波羅醫院集團，是印度第一家醫院企業，旗下擁有超過五十家醫院，以及超過一百間診所。病床總數超過八千五百床，擁有約四千名專業醫師，也是亞洲規模最大的醫療集團，尤以心臟手術最為有名。根據目前發表的資料，整個集團已進行過累計五萬五千件心臟外科手術，成功率為百分之九十九點六。

除此之外，位於坦米爾納德邦的亞拉文眼科醫院、以德里為據點的麥克斯醫療保健公司以及以邦加羅爾為據點，經手許多骨髓、腎臟移植手術的瑪尼帕爾醫院……。這樣的醫院企業在印度高達數百家，目前的市場規模高達三十億美元。每年以醫療旅遊形式造訪印度的人數高達二十三萬人（排名世界第五）。估計到二〇一八年時，市場規模將擴大到六十億美元，造訪人數也將增加至四十萬人。

泰國雖是醫療旅遊的先進國，但是印度的醫療費用比泰國更便宜。舉例來說，在美國接受肝臟移植手術需要五十萬美元，在泰國是七萬五千美元，在印度則只需泰國的一半左右，大約花費四萬美元就能完成手術。平均起來，印度的醫療費用大約只需要美國的百分之十到二十。

目前美國的保險公司已經開始提供更便宜的保費，給願意接受印度醫療的人。美國原本就有很多出色的印度裔醫師，即使在國內看病，接受印度醫師治療也是常見的事，因此許多美國人並不抗拒前往印度接受治療的做法；英國的印度醫師比例則比美國更高。印度的醫療旅遊團不但提供免費機場接送，還提供手術後參觀泰姬瑪哈陵等觀光行程，醫院建築可比高級飯店……號稱有這麼多優點的印度醫療旅遊，當然沒有理由不被接受。

亞拉文眼科醫院的做法也很有意思。「一定有辦法為開發中國家的民眾提供負擔得起的白內障手術，就像許多西方國家中下階層的人買得起速食一樣」，亞拉文醫院就是在這個信念下成立的眼科專門醫院。以白內障手術的例子來說，美國的手術費用超過一千六百美元，然而在亞拉文，有的病例甚至只需要十美元就能完成白內障手術。

為什麼能實現以十美元完成白內障手術的低廉價格呢？因為在亞拉文醫院，白內障手術機器二十四小時運作，藉由提高機器的運作率與醫師的出動率，達成了相對低廉的價格。在這家醫院，平均每位醫師每年執刀的手術案例是兩千件，相較之下，美國的眼科醫師年平均手術次數則是兩百件左右。不過若是要在印度預約眼科手術，就必須遵照醫院指示的時間，比方說「請在○月○日的凌晨三點五十分前來醫院」，即使是深夜或一大早都有可能。

如上所述，在無國境的現代社會，國內外的價格差異就能形成一種套利。印度的醫療旅遊將成為今後廣受矚目的產業，韓國和菲律賓也已經發展出針對日本患者的醫療旅遊團。就像這樣，在這個時代，醫療業界的競爭對手已經不限於本國之內。

專業領域的商場也已跨越國境

UNIQLO當初藉著在中國工廠生產而獲得優勢，這種將業務流程委託國外的BPO（Business Process Outsourcing，或稱業務外包）也可說是一種套利概念。以UNIQLO來說，就是將工廠生產流程外包，這種類型的BPO並不是什麼稀奇的做法，不過近來世界上也開始出現所謂白領階級或專業人士的BPO了。

舉例而言，包括建築師、設計師、會計師、航太技術人員、金融專業人士、半導體晶片設計工程師、資訊系統管理者都開始出現跨境外包的情形……也就是說，BPO的浪潮已經湧向這些至今被認為難以取代的職種和領域了。

在以英語為官方語言的菲律賓，早已誕生為數眾多的高知識工作者。比方說，負責多國籍企業會計業務的會計師，專業程度肯定毋庸置疑，在美國屬於月入五千美元的高薪職種，可是，若改為跨境僱用菲律賓會計師，有時可能只要支付數百美元的薪資。事實上，菲律賓早就擁有全亞洲最大的會計師事務所。金融業界的專業人士與資訊系統管理者等倚賴專業的工作也一樣，在美國僱用美籍金融專家必須支付七千美元的月薪，若是換成印度人則只須支付一千美元。軟體開發者及網站管理等資訊系統管理類的工作，在美國的月薪是一萬美元，在印度則是五百美元。

上述這些BPO的外包據點可不只限於菲律賓。南美的哥斯大黎加就設有不少以歐美客戶為對象的西語電話客服中心。墨西哥則是許多美國企業的資訊科技工程據點。俄羅斯有許多擁有博士學位的航太科技學者與技術人員，不少美國企業於是將R&D（研究開發）中心設在俄羅斯。

其中最有意思的是非洲的模里西斯共和國。這是一個位於馬達加斯加島東方印度洋海面上的島國，面積比東京還小（二千零四十五平方公里），人口只有一百三十萬人。然而，由於這裡過去曾是法國與英國的殖民地，多數國民皆擅長法語和英語。許多歐美企業看準這一點，將BPO據點設在模里西斯共和國。比方說管理諮詢公司埃森哲就將諮詢中心設在這裡。在說明如何以套利概念促進地區發展時，這是一個很好的例子。

日本因為有日語的限制，無法像美國一樣輕易進行BPO。不過總有一天專業職種還是會成為BPO的對象，這只是遲早的問題罷了。如此一來，便更是只能以個人力量決勝負了。

思考擊垮自己公司的方法

套利概念的重點，在於對過去業界的習慣提出懷疑。例如UNIQLO的縮短通路，便是跳過商社與批發商，直接與中國廠商交易。如今看來這種做法似乎已是理所當然，在當時卻是違反業界常識的嶄新想法。

賓夕法尼亞大學華頓商學院的知名教授傑瑞・溫德（Jerry Wind）等人合著有《超凡的思維力量》（*The Power of Impossible Thinking*）一書，書中要點簡單來說，就是我們往往「受到既定觀念束縛」。有句諺語說「百聞不如一見」，事實卻根本不是這樣，人們在親眼看到什麼之前，腦中已經受到既定觀念的束縛，親眼看到之後，更會按照既定觀念去解釋。這本書提倡的就是要打破這樣的既定觀念。

舉例來說，假設中國和日本之間發生問題，大部分的日本人應該會認為「一定是中國不好」。這中間並不存在客觀的觀點，而是基於「腦中認為的中國是什麼樣的國家」，進一步跳到「一定是中國不好」的結論。人們習慣的不是透過眼睛看到的事物獲取新資訊，而是用腦中的既定觀念補強想法。

松下電器產業（現在的Panasonic）創辦人松下幸之助先生說過「坦率的

心，不受侷限」，我很喜歡這句話。

所謂坦率的心，指的是抱著學習的心態面對一切，懷著謙虛的態度從中體悟某些教誨。（出自《如何擁有坦率的心》一書）

所謂坦率的心，就是無論對任何人、任何事都願意謙虛地側耳傾聽。（出處同上）

尤其當我們長久身處於相同業界時，很容易失去「學習心」，也不容易「側耳傾聽其他聲音」。這是因為過度自信，以為自己已經對業界無所不知的緣故，而這正是落入被既定觀念束縛的狀態。只可惜，這不過是自己的錯覺罷了，人一旦被既定觀念束縛，就無法擺脫過去的想法，想不出新的創意點子。

舉個例子，十年前誰想像得到美國人會到印度接受心臟手術呢？被既定觀念束縛的頭腦，絕對想不出這種點子。然而看看醫療旅遊的現況，已經發展到各國必須競相爭取病患的程度了。

再舉個例子，傑克．威爾許（Jack Welch）擔任ＧＥ執行長（最高經營負責人）時，曾指示部下成立一個「以擊垮公司現有事業為目標」的反事業部門。在成立反事業部門的過程中導入ＣＲＭ（Customer Relationship Management，客戶關係管理）、ＥＲＰ（Enterprise Resource Planning，企業資源計劃）及ＳＣＭ（supply chain management，供應鏈管理系統）等概念，追求徹底的資訊科技化。威爾許的想法是：「與其被其他公司擊垮，不如被自家公司的事業部擊垮。」「如果世界上有誰能消滅ＧＥ，我希望那會是ＧＥ內部的反事業部門。」

換句話說，威爾許要求員工**思考如何擊垮自己的公司**。一個受既定觀念束縛的執行長絕對做不出這種要求，員工更不可能找出答案。唯有擺脫自己熟知這個公司和這個業界的既定觀念，重新建立新的立足點，用新鮮的眼光再次檢視眼前的事物，才有可能誕生新的創意想法。為了思考「如何打倒自家公司既有事業」必須不斷修正策略，在這樣的過程中，就會產生新的創意想法，從而秉持這些新的想法獲得市場上的優勢，這就是威爾許的目的。

套利觀念的重點是以下兩項：

1. 利用資訊落差套出獲利。

2. 不受既定觀念束縛，從外側看事物。

我們經常會受到既定觀念束縛，但是甘於被束縛的人不會產生新的創意和概念。為了擺脫既定觀念，應該站到被束縛的框架外，善用各種資訊情報。此外正因大多數人都容易被既定觀念束縛，只有能擺脫束縛的一小撮人能憑藉資訊落差獲得財富。

3 全新組合（New Combination）

——以「全新組合」提出嶄新價值

「水陸兩用巴士」的概念

在我很喜歡的澳洲黃金海岸，有一種名為AQUADUCK的水陸兩用巴士，在觀光客之間蔚為流行。這種兩用巴士可以像普通公車一樣在路上跑，一旦抵達以明媚風光而出名的內海布羅德沃特，又會濺起大大的水花下水，搖身一變成為遊艇。

在黃金海岸，到處都能看到這種水陸兩用巴士。因為一看到就會想搭，大部分觀光客都至少搭過一次，現在已經成為黃金海岸的賣點之一了。

日本也開始將水陸兩用巴士運用在觀光事業上，取了個「水鴨觀光行程」

的名字，在東京、豪斯登堡和大阪的中之島、琵琶湖都能看到這種巴士奔馳的身影。

為什麼我會突然提起水陸兩用巴士呢？因為這就是下面即將說明的「全新組合」（New Combination）的例子。

全新組合的概念最早由在德國波恩大學任教的經濟學者約瑟夫．熊彼得（Joseph Schumpeter）提倡。他的看法是：「大部分的發明，都是拿既有的東西做出新的組合（結合）」。用德語的說法就是「neue Kombination」。熊彼得觀察所謂新的東西，發現其中有許多只是以舊的事物重新組合，並非從零創造全新的事物。只要組合既有的，就能讓新的事物誕生。這豈不就是創新嗎？

水陸兩用巴士的誕生，正是出於「如果將巴士（汽車）與船結合起來會怎麼樣」的想法，是一個很好的全新組合例子。巴士和船都是既有的事物，組合起來卻誕生了新的可能性。

維基百科也是如此。

全新組合的例子

巴士＋船＝**水陸兩用巴士**

個人知識＋個人知識＋……＋個人知識＝**維基百科**

行動電話＋信用卡＝**電子錢包手機**

行動電話＋網路拍賣＝**Mobaoku**

水陸兩用巴士「水鴨觀光行程」正奔馳於日本某觀光景點

學生寫論文照抄維基百科固然是個問題，但也由此可知它有多好用。儘管正確性尚有許多可待商榷的地方，如果只想查詢事物概況，多半可以從維基百科上掌握梗概。

用來查詢資訊科技類專有名詞時，維基百科尤其方便，比方說「想知道VoIP是什麼」，一查維基百科馬上就能明白（順便說明，VoIP就是Voice over Internet Protocol，網際協議通話技術的簡稱）。

請試著用維基百科查詢FMC。

Fixed Mobile Convergence（固定行動整合，台灣稱為移動聯通）是指結合固定電話與行動通訊的電訊服務。狹義來說，指的是用同一個終端機器提供固定電話與行動通訊兩種服務，廣義來說，指的是電訊業者提供的服務型態與固定電話和行動通訊兩者皆密切相關。

有了維基百科之後，查東西變得輕鬆許多。

撐起維基百科的是無數的個人。全世界的人在上面定義事物，說明事物。

換句話說，維基百科成立於「個人的知識╳個人的知識╳個人的知識╳個人的知識……」的組合。不只是一個人的知識，而是由千千萬萬人的知識組成，維基百科的巧妙之處也就在這裡。而這也稱得上是一種New Combination。

索尼Felica的失策

距今約三十五年前，我在《PRESIDENT》雜誌上發表過一篇文章，內容是用全新組合的概念法則分析客廳。我提出「客廳裡有多少東西的機能重複了？」的疑問，並且將它整理出來。

試著環顧整個客廳，當時的電視機裡有真空管／調諧器／擴大機／揚聲器。立體音響和收音機裡也同樣有調諧器／擴大機／揚聲器，機能很顯然重複了，於是我做出一個提案，主張可以拿掉機能重複設備，並從當中選出性能最優越的東西。比方說拿出立體音響的揚聲器、電視機的真空管和調諧器……加以結合，完成全新組合的電器產品。

在這之前，收音機、立體音響、電視……分別屬於不同商品，但是在全新組合的概念下，就能用性能來拆解分類，再加以組合。如此一來，完成的便是一種前所未有的新型家電。

看到這篇文章之後，索尼和松下電器以及東芝等大型家電廠商的負責人紛紛前來找我，希望我能說得更詳細一點。殊不知那篇文章只是我在上廁所的幾分鐘內想出的點子，要我說更多也說不出來了。即使如此，那些來造訪我的公司，仍在那之後著手開發影音電器的組合，推出嶄新的商品。

現在日本各地發行的IC乘車卡就有Suica（JR東日本）、PASMO（首都圈的私營鐵道）、Kitaca（JR北海道）、TOICA（JR東海）、manaca（東海地方的私營鐵道）、ICOCA（JR西日本）、PiTapa（關西圈的私營鐵道）、SUGOCA（JR九州）、nimoca（九州地方的私營鐵道）、HAYAKEN（福岡市營地下鐵）……等等，包括公車IC卡在內，種類多達數十種。但這些IC乘車卡基本上都已經可以相互通用，只要持有其中一種，在任何都會圈中都不會遇到無法搭車的困擾，對使用者來說實在非常方便。而事實上，幾乎所有的IC乘車卡，都是以索尼開發的非接觸型IC卡Felica為基礎。

世界最早的IC乘車卡，由芬蘭的巴士公司於一九九二年導入，而索尼則早從一九八八年就開始研發Felica。一九九四年，香港的八達通公司決定採用Felica，並於三年後的一九九七年正式發行八達通卡。日本的ＪＲ東日本遲至二〇〇一年才推出Suica，由此可知索尼的Felica領先了多久。

不只如此，索尼在共同出資公司bitWallet設立後，於二〇〇一年展開電子錢包Edy（目前已改為樂天Edy）的服務。Edy採用的正是Felica的技術。

然而，當時的索尼完全沒有全新組合的概念，明明資源都齊了，也有進軍香港的條件，卻打從一開始就不曾思考過將Suica與Edy結合的可行性。

如果當時的索尼能以遠大的視野思考將來的發展，一定懂得將Felica設計成具有共通性的卡片，並且統一世界規格標準，也一定早就建立起近來蔚為話題的Fintech基礎平台。Fintech是結合金融（Financial）與科技（Technology）的造字，指的是採用資訊科技的金融服務或金融商品。Edy命名的由來，原本就是懷抱著與歐元（Euro）、美元（Dollar）及日圓（Yen）並列為世界貨幣的夢想，取這三種貨幣的字首組成。結果索尼卻只將這項技術單純視為零件賤賣，到最後甚至將整個Edy事業賣給樂天。時至今日，索尼的高層一定為自己的毫無遠見後悔不已吧。在日本，交通方面的主要ＩＣ乘車卡遲至二〇一三年才開始能夠互相通用，可以說又落後了一大截。

日本最早採用ＩＣ乘車卡的ＪＲ東日本也和索尼一樣缺乏遠見。由於一開始就推出了只在ＪＲ東日本管轄範圍內才能結帳的乘車卡，導致過了很久才實現相互通用的功能。也可以說，他們提供的是只考慮到自身方便的最小價值。ＪＲ東日本就這麼失去了成為日本最大結算銀行或結算平台的機會。

全新組合雖是創意思考的方法，絕對不可忘記的是，千萬不要只停留於提供個別的微小價值，而是要站在使用者需求的觀點做全面性的思考，打造以全球化為前提的模式。只要能結合這種具有遠見的觀點，就會產生新的價值。

遺憾的是，索尼並未具備全新組合的觀點，使得Felica錯失成為龐大事業的機會。看看現在的狀態，索尼完全淪為生產Felica的零件業者了。

站在使用者的立場，想必今後一定會出現將交通方面的ＩＣ乘車卡（地區卡）與電子錢包功能、信用卡功能、金融卡功能與ＥＴＣ、員工證（學生證）、各種會員卡等所有功能卡片合而為一的ＩＣ卡。因為，世界正一步步地朝向**無現金社會**發展。

儘管世界正朝無現金社會發展，另一方面也因為結合不完全的緣故，成為錢包裡充滿各種卡片的多卡社會。若是能結合信用卡、預付卡的功能，或是可選擇性加入月底一併請款的後付功能，這樣的組合也不錯。

只要站在使用者的角度思考，這是誰都能立刻想到的點子，然而卻遲遲無法實現，可見業界高層描繪願景的構想力與野心之不足。

行動電話╳數位相機引爆流行

回到全新組合的實際案例吧。

所謂全新組合，指的是將既有的東西加以結合，或是促進相乘效果。

比方說「電視＋時鐘」。

這是屬於嵌入型的創意。實際上這種嵌入型的結合應用在不少地方，比方說在廚房的系統家具中安裝嵌入式微波烤箱或洗碗機的商品早就已經誕生。廚房基本上可以說是朝嵌入型組合的方向發展。

那麼，以電視結合時鐘的主意如何？

這個點子的想法是，平常不開電視時，可以在螢幕上顯示時間，可是一般家庭牆上至少都會有一個時鐘，如果想確認時間，並不需要看電視螢幕上的時鐘，因此這個點子發展不起來。

如此一來，這個創意會朝哪個方向演變？答案是——在手機螢幕上顯示時間。隨之而來的，是什麼都能放入手機的想法。鬧鐘、電子郵件、電視、數位相機、音樂播放器、錢包……到最後無論什麼都能與手機結合，達到「一機在手，萬事OK」的境界，也就是日本的傳統功能型手機。

當時基於全新組合概念誕生了結合行動電話的數位相機，成為熱門商品。

卡西歐於一九九五年三月發售了數位相機QV-10，這項商品的熱賣，使數位相機在全日本迅速普及，各公司紛紛投入這個市場，造成數位相機市場的激烈競爭。

此時出現在市場上的，就是結合行動電話與數位相機的全新組合。

二〇〇〇年十一月，J-PHONE（現在的軟體銀行）推出附有數位相機功能的行動電話J-SH04（夏普製造）。在這之前雖然也曾出現附有數位相機功能的行動電話，此一機種卻有一個不同於先行商品的最大特徵，那就是能用電子郵件機能直接傳送拍下的照片。雖然畫質並不清晰，只有大約十一萬畫素，可是寄出拍下的照片的功能卻帶來了新的價值。後來甚至因此誕生了新名詞：「照相郵件」（写メール，指的是具有附帶照片功能的電子郵件）。

照片郵件特別受到年輕女性層的歡迎。事實上，這種全新組合的重點並非只是單純將數位相機與行動電話組合起來，而是「在行動電話上加入數位相機的功能」，過去只以攝影為目的的數位相機，成為以照片做溝通工具的行動電話新機能。換句話說，全新組合創造了新的價值。

這種新的價值逐漸在全世界普及，如今智慧型手機內建的攝影功能，已經擁有與數位相機不相上下的性能。

體現全新組合的DeNA

附有數位相機功能的行動電話問世後，接下來就會開始思考「再來要和什麼組合？」因為附帶數位相機功能的行動電話已經成為既有商品，在延長線上的思考並不能開拓新的商機。事實上，後來業界確實朝向「既然能傳送照片，當然也能傳送影片」的方向繼續開發，雖然技術達成了，卻無法誕生新的價值。因為真正應該思考的，不是延續已經發展過的東西，而是在現有的東西上附加別的異物。這才是從0中創造1的創意，也才是從無中生有的創新力。

有位經營者便運用了附帶數位相機功能的行動電話做出了全新組合，締造了成功的事業。她就是DeNA的創辦人，也是現在橫濱DeNA海灣之星的球團老闆——南場智子。

南場是我在麥肯錫的後輩，所以我知道得很清楚，她在一九九九年成立DeNA時真的非常辛苦。起初，公司的主要收入來源是網路拍賣網站bidders，但是當時日本雅虎拍賣網站在市場上獨占鰲頭，新加入的拍賣網站根本不是雅虎的對手。雅虎拍賣的勢力龐大，即使是世界最大的拍賣網站eBAY，在二〇〇〇年進軍日本後，也完全不能與之抗衡，很快就撤退了。

此時，陷入窘境的南場注意到的，就是附有數位相機功能的行動電話。她的著眼點不是電腦，而是行動電話，也就是二〇〇四年展開的手機拍賣網站Mobaoku（モバオク，mobile auction日語發音的縮寫）。

手機拍賣網站的機制說來簡單，想在上面賣東西的人，只要用自己手機的照相功能拍下商品，再用手機直接上傳到Mobaoku的平台上就行了。賣家可以當場拍下照片上傳網站，對買家來說，這樣做能提昇賣家可信度。只要用手機拍照上傳即可，步驟簡單方便，使Mobaoku大受歡迎，拯救了原本陷入經營困難的DeNA。如今，穩定成長的Mobaoku已成為與雅虎拍賣及樂天拍賣並駕齊驅的日本最大拍賣網站。

簡單來說，Mobaoku的成功，正是來自附有數位相機功能的行動電話╳拍賣網站的全新組合。這也可說是南場在創意上的勝利。現在DeNA的時價總額約為兩千六百億日圓，還擁有自己的企業球團。

斯德哥爾摩的便利商店

距今五六年前，我曾造訪斯德哥爾摩這個素有北歐的威尼斯之稱的瑞典首都。鋪著石板路的閑靜城市裡，到處可見熟悉的7-Eleven招牌。7-Eleven進軍歐洲後，在北歐的展店比例較高，丹麥有一百八十九家店鋪，瑞典有一百八十五家，挪威則有一百五十六家（根據二〇一五年十二月底的數據）。

斯德哥爾摩的7-Eleven外觀融入街景，走入店內也令我大吃一驚。結帳櫃台旁邊，竟然設置了規模和星巴克差不多的Kaffe，也就是瑞典語的咖啡館。

瑞典的7-Eleven以「便利商店╳速食餐廳（咖啡館）」的方式經營，也可以說是全新組合的好例子。如果去的是澳洲，7-Eleven則與加油站結合，提供了加油之餘可順便購物的方便性。

便利商店、百貨公司及超市等商業模式，或許因為一度發展成功的緣故，整體來說業界缺乏變化；換句話說，就是被業界的常識束縛了。不過若是換個角度想，反而可以從中找到新的商機，只要懂得善用全新組合的概念，在既有的模式上加入新事物，就能獲得新的顧客，當然商店本身的價值也會提昇。

順著這樣的想法，日本的7-Eleven於二〇一三年一月正式展開販賣道地咖啡的SEVEN CAFÉ，將「便利商店╳咖啡館」的全新組合概念導入日本的7-Eleven門市。嘗試以一杯一百日圓的價格提供道地咖啡，加上店內原本就供應的零食與家常菜，甚至能夠奪走麥當勞的顧客。

7-Eleven在日本的便利商店中，擁有出類拔萃的業績。以最能展現便利商店實力的平均單日營業額（平均一個店舖的單日營業額／根據二〇一五年三月到八月的數據）來看，相較於7-Eleven的六十七萬日圓，羅森約是五十五萬日圓，全家便利店則約是五十二萬日圓。再看全店營業額（根據二〇一五年二月數據），相較於7-Eleven的四兆零八十二億日圓，羅森只有一兆九千六百十九億日圓。此外，雖然便利商店業界排名第三的全家便利店與排名第四的Circle K Sunkus（隸屬於UNY group Holdings）已正式發表經營整合，兩者合併之後的全店營業額仍只有二兆八千四百九十億日圓。無論是業界的第二名還是第三名，與7-Eleven之間都還有超過一兆日圓的差距。

為什麼會產生這麼大的差距呢？

便利商店的營業額基本上受地點的好壞左右。即使詳細比較各家便利商店品項、是否提供ATM服務、影印機服務……等，差別其實也不大。即使如此7-Eleven仍可吸引較多顧客上門，箇中實力的差距就反應在如同SEVEN CAFÉ所象徵的企劃力與商品開發能力。

SEVEN CAFÉ在二〇一三年推出後隨即引爆消費熱潮，如今一年已可賣出約七億杯咖啡。以一杯一百日圓單純計算營業額，也有七百億日圓。換個方式說，一年有高達七億人次上門買了7-Eleven的咖啡。他們當然不會只買咖啡，在SEVEN CAFÉ開賣後的一年內，全日本有一千七百九十九家7-Eleven分店嘗試引進SEVEN CAFÉ，結果發現不但顧客人數增加，麵包類的營業額增加三成，甜點類的營業額也增加了兩成。

咯哩咯哩君冰棒╳SEVEN PREMIUM

便利商店與超市對PB商品（Private Brand，自有品牌）的開發不遺餘力，在這個領域拔得頭籌的依然是7-Eleven。

7-Eleven自二〇〇七年開始推出自有品牌商品SEVEN PREMIUM，年間營業額從當年度的八百億日圓成長到二〇一四年的八千一百五十億日圓。已經超越AEON自有品牌TOPVALU的銷售規模，預估在不久的將來，SEVEN PREMIUM將成為營業額首度超越一兆日圓的國內零售業自有品牌。

我會定期檢視住家附近的各家便利商店，實際購買引起我好奇心的商品。舉例來說，即使只是一碗泡麵，SEVEN PREMIUM也會提供與拉麵人氣排行榜上名店合作的聯名商品。7-Eleven店內經常陳列著別處買不到的特殊商品，即使價格稍高也令人忍不住想買；此外每個季節推出的商品內容亦不大相同，我個人認為，就連飯糰的味道也是所有便利商店中最美味的。

7-Eleven的平均單日營業額之所以比其他便利商店高，是因為有不少顧客為了便當類等獨家商品或自有品牌商品，不惜從較遠的地方專程上門購買，這些人往往會順帶買些其他東西。這就是造成營業額差距的原因。

7-Eleven在自有品牌商品開發上，其實也運用了全新組合的概念。

・喀哩喀哩君冰棒×SEVEN PREMIUM

因為看中老牌冰棒喀哩喀哩君（赤城乳業製造）擁有廣大的死忠粉絲，7-Eleven提出將它帶入自有品牌商品的想法，也成了SEVEN PREMIUM史上初次與其他廠牌共同開發的商品。儘管屬於自有品牌，包裝上卻同時印上商品原有的品牌商標與自有品牌商標。這種明明是PB商品卻與NB（日式英語national brand，意指國民品牌或全國性品牌）商品合作的戰略實為特例，卻因結合了PB與NB的品牌說服力，在消費者心中成為更有價值的商品，成功促進消費行為。

- **UCC上島咖啡的罐裝咖啡╳SEVEN PREMIUM**
- **三得利的罐裝咖啡BOSS╳SEVEN PREMIUM**
- **日本可口可樂公司的罐裝咖啡喬亞（Georgia）╳SEVEN PREMIUM**

我在這裡列出了三種不同的罐裝咖啡。事實上，7-Eleven最早是與UCC合作（二〇一〇年至二〇一三年），看準罐裝咖啡愛好者多半有**認品牌**的傾向，喜歡購買固定品牌的罐裝咖啡，於是SEVEN PREMIUM選擇與UCC聯名合作。這個嶄新的結合策略果然將SEVEN PREMIUM的罐裝咖啡年間營業額擴大至四千九百億日圓。

不過7-Eleven並未滿足於這次的結合。二〇一四年再次與罐裝咖啡業界排名第二的BOSS聯名，推出名為「世界七國特調」的罐裝咖啡。改變合作對象的策略再次奏效，這次SEVEN PREMIUM的罐裝咖啡年間營業額增加到八千七百五十億日圓。即使如此，7-Eleven仍再次改變合作對象，於二〇一五年和業界龍頭的日本可口可樂公司合作，推出喬亞咖啡的聯名商品。由於在這之前從未有任何自有品牌與日本可口可樂公司合作過，更因此蔚為話題。

任何創意只要成型，商品或服務就會成為既有存在。儘管成功結合了ＰＢ與ＮＢ，一旦滿足於此就會停滯不前，所以7-Eleven著手做了以上的改變，這樣的策略展開著實令人佩服。

除此之外，7-Eleven還在二〇一〇年九月打造了比SEVEN PREMIUM更高等級的自有品牌。那就是SEVEN PREMIUM GOLD。成立這個自有品牌後，7-Eleven陸續推出黃金吐司、三得利黃金啤酒PREMIUM ALL MALT等「黃金～」系列商品。即使黃金吐司一條要價兩百五十日圓（六片裝），比一般吐司貴了將近一倍，依然在發售之後兩週內締造六十五萬條的銷售佳績。一般提到ＰＢ商品，給人的印象都是價格比市場行情低，7-Eleven卻反其道而行，推出高價位的自有品牌商品。ＰＢ╳高級感，這也可以說是一種全新組合。

如果你是羅森的社長……

到這裡為止，我已為大家說明了何謂全新組合，其要點如以下兩項：

1. 試著將既有的兩種東西加在一起。

2. 加在一起之後，思考各種價格與價值的變化。

全新組合這個概念，絕對不是「只要加上什麼就行了」。正如許多日本家電品牌經常陷入的錯誤，一味致力於開發新機能，卻沒想到對使用者來說，沒有必要的機能就等於沒有存在意義；反而因為增加新機能導致價格上漲，對消費者來說完全是不必要的困擾。

其實應該把全新組合當成是一種概念上的轉換，試著思考「將〇〇和〇〇結合起來會如何？」當思考遇到瓶頸的時候，人們往往容易站在既有創意的延長線上思考，這種時候，與另一種東西的結合能為大腦帶來刺激，只要拿既有的東西相加，就能讓創意變得無限大。不過另一方面，著手削減不需要的部分也很重要。

那麼，在此問大家一個問題。

Q：如果你是羅森的社長，想超越7-Eleven該怎麼做？

其實，羅森手上就有一個很好的全新組合材料。那是羅森於二〇一四年收購的高級超市成城石井。葡萄酒、火腿、香腸、便當、現成的家常菜……成城石井有許多獨特的商品，我和妻子都經常上住家附近的成城石井購物。

此外，最近經常可看見某些成城石井店鋪前停著載滿中國觀光客的遊覽車。因為旅行社和旅遊導覽書上說「成城石井的便當和家常菜很好吃」，觀光客們都知道，才會特地安排這樣的行程。一方面可省卻上餐廳用餐的時間和金錢成本，又能在遊覽車內享用買來的便當、家常菜及飲料等等。

既然是在日本人與中國人心目中都有良好形象，期待值相當高的成城石井，豈能不好好運用一番呢。

我的提議便是結合羅森與成城石井的全新組合。

如果我是羅森的社長，就要在羅森便利商店裡設置店中店，販賣成城石井賣得最好的前一百名商品。如此一來，一定能帶出別家便利商店所沒有的羅森特色。不只如此，因為打著高級超市成城石井的品牌，即使價格貴一點，消費者也能接受。目標是讓來便利商店購買一般商品的顧客，順便買下「稍微貴一點」的成城石井獨家商品。這一招絕對不輸SEVEN PREMIUM GOLD，結果自然能提高客單價，也能增加單日平均營業額。

現在雖然已經能夠在羅森旗下的LAWSON FRESH購物網站上買到包括成城石井在內的商品，光是這樣並無法直接促成羅森便利商店客單價的提昇。

站在消費者的角度，若只看飲料類和點心類等一般商品，成城石井的價格普遍偏貴。在廣大消費者之中，一定有不喜歡這一點，而且原本就不會去成城石井購物的人。正因如此，才要在羅森便利商店中設置店中店。這個做法最大的好處，就是讓一般消費者同時購買有點貴的成城石井獨家商品與低價格的NB商品。另一方面，對於原本就是成城石井消費者的顧客來說，在便利商店就能買到成城石井的商品，也是一件好事。

需要注意的是，在將兩者結合時千萬不能搞錯加乘的方式。羅森絕對不能做的，就是大量生產成城石井特有的商品，以便宜的價格放在羅森便利商店販賣。這樣只會瓦解成城石井原有的高級感，一旦做出這種事，將會同時砸了羅森和成城石井的招牌。

4 對固定成本的貢獻

——兼顧「提高產能利用率」與「附加價值」（Contribution to the fixed cost）

成功的洗衣店

Contribution to the fixed cost——對固定成本的貢獻，這是經營最基本的途徑。在說明這個概念前，請讓我先說明什麼是邊際利潤吧。

邊際利潤是會計管理的概念之一，簡單來說，就是從銷售收入中扣除變動成本，重新寫成算式如下：

邊際利潤＝銷售收入－變動成本

舉例來說，賣出一個要價一百萬日圓的商品，假設此時每一個商品的變動成本（單位變動成本）相當於八十萬日圓的話，邊際利潤就是二十萬日圓。

如果是製造業，變動成本就是材料費、外包加工費等成本；如果是零售業，變動成本就相當於進貨成本。左右變動成本的是營業額及生產量的增減。單純來看，營業額增加生產量也會增加，材料費也會增加，因此變動成本會以一定比例跟著營業額增減。

另一方面，還有一種短期內難以更動的成本費用，那就是固定成本。人事費用、折舊費、租賃費等就屬於固定成本。重新寫成算式如下：

邊際利潤＝固定成本＋利潤

或

利潤＝邊際利潤－固定成本

假設每賣出一個一百萬日圓的商品就會產生二十萬日圓的邊際利潤，就表示每賣出一個商品就具有回收二十萬固定成本的力量。換句話說，當所有販售商品帶來的邊際利潤總額等於所有固定成本總額時，就會正好達到收支平衡點。用簡單的加法減法計算，當利潤為負時，即表示固定成本比邊際利潤大。利潤無法補償固定成本時，即表示邊際利潤不足，事業虧損。

變動成本是可以想辦法削減的東西。比方說壓低原物料的進價，或是減少材料費預算等等。此外變動成本會以一定比例隨營業額增減，固定成本則無法受短期因素左右。

這是所有經營者一定要學的經營學基礎，其中對固定成本的想法是最重要的關鍵。裁員雖然是一種減少固定成本的手段，卻不像變動成本那樣輕易就能削減，那麼究竟該怎麼做才好呢？這時考慮的就是對固定成本是否有所貢獻。簡單來說，就是「盡可能讓邊際利潤對固定成本的貢獻最大化」。

在這裡，試舉洗衣店的例子來思考。

洗衣店的機器非常昂貴，買一台機器的錢可以買上好幾輛賓士或BMW，一般家族式經營的洗衣店無法一次買齊好幾台機器，然而，洗衣店一定要有這種機器。買機器的花費屬於固定成本，如果一家店想買好幾台機器，就代表必須提高固定成本。

洗衣店是性質是這樣的，即使位於同一個市內，A店可能星期一非常忙，B店則可能到了週末才有較多客人上門，因為地點不同，周邊顧客的使用狀況也不一樣。換句話說，即使忙碌時機器可能二十四小時都停不下來，空閒時機器也可能完全晾在一邊，更不乏空閒時間比忙碌時間還長的洗衣店。

站在「盡可能提高邊際利潤對固定成本之貢獻」的觀點思考，就會發現閒置機器是一件非常可惜的事。以洗衣店的例子來說，只能以「提高服務件數」來達成「邊際利潤對固定成本的貢獻最大化」。

可是，該怎麼做？

其實，只要聯合幾家洗衣店協力合作就行了。只要聯合三間家族式經營的洗衣店，就等同於一家中等規模的洗衣店。三間洗衣店可以利用網路彼此分享忙碌期的時間表，融通調度各自的機器供彼此使用。如此一來，也會發現某些顧客住得離另一家店比較近等等情況，適當地交換顧客。在需要幫顧客宅配衣物回家時，更可以省下更多配送費用與時間。

也就是說，只要聯合幾家洗衣店，配合一星期中彼此忙碌的日子或時間，互相開放閒置的機器供彼此使用的話，每家洗衣店只需要買一台機器就夠了。

這個做法正可說是盡可能讓邊際利潤對固定成本的貢獻最大化，對固定成本龐大的企業來說，是一個可在短期內改善經營成效的方法。

事實上，大阪在二十年前就有實踐這種方法的洗衣店了。最近甚至出現自己沒有實體店舖也沒有實際機器的的洗衣業者，只要巧妙運用洗衣工廠的閒置機器和宅配業者，就能在網路上展開宅配洗衣服務了。

平日的摩天輪如何吸引使用者

我在麥肯錫擔任經營諮詢顧問時，秉持盡可能提高邊際利潤對固定成本的貢獻最大化的原則，改善了許多企業的業績。

計算邊際利潤並不難，只要會加法和減法就夠了。

過去我還在日立製作所設計核子反應爐時，必須運算馬克士威方程組、擴散方程式和輻射轉移方程式等等複雜的算式，成為經營顧問之後，只需要加減乘除的計算能力。反過來說，只要看得懂並善加運用如何使邊際利潤對固定成本貢獻最大化的簡單計算公式，大部分案例的利潤都能有所改善。

當然變動成本較多的業種必須另當別論，不過以固定成本產業來說，首先該檢視的即為可否達成邊際利潤對固定成本貢獻的最大化。換句話說，必須消除機器或設備等產能閒置的狀況，為此即使降低價格（在能平衡變動成本的前提下）還是能增加收益。

不過，這只是短期的經營手法。

長期的經營手法必須思考如何削減固定成本。比方說，或許不得不賣掉一部分設備或設施，減少人事費用等等。然而，明明可以先從盡可能讓邊際利潤對固定成本貢獻最大化卻不去做，一上來就想大刀一揮砍掉人事費用的做法，只會讓經營出現問題。

首先，請寫下自家公司的固定成本。接著調查這些固定成本啟動（或使用）的頻率。這麼一來，腦中應該就會浮現各種點子了。

在此，舉遊樂園摩天輪的例子，請大家一起思考。

摩天輪的維修保養和運作費用都屬於固定成本，只要遊樂園開門營業，摩天輪就必須持續運作。問題是實際上的使用率又是如何？星期六日和例假日及晚上理所當然是人潮擁擠，但也不難想像平日白天必然門可羅雀。這就表示在少有顧客搭乘的平日時段，邊際利潤對固定成本的貢獻並未達到最大化。

那麼想提高平日搭乘率，亦即讓邊際利潤的貢獻最大化，又該怎麼做呢？

最常出現的錯誤做法是更動公告價格。比方說，週末搭乘摩天輪的票價是一千日圓，平日則更動為四百日圓。這麼做確實能提高一時的搭乘率，可是當週末造訪樂園的遊客看到票價表時，內心又會做何感想？高高興興地跑一趟來玩，卻發現比平常貴了六百，一定會覺得不划算、吃虧了。

這叫做「外溢效應」，原本是提供給費用負擔者（週末遊客）的方便，結果卻外溢到非費用負擔者（平日遊客）身上。結果只留下不公平的感覺，總有一天摩天輪的票價不是統統改回一千日圓，就是要抱著虧本的決心統統改成四百日圓。不管怎麼改，只會造成更多遊客的流失。

屏蔽不同族群的顧客

那麼到底怎麼做比較好？

如果是我，就會將不同族群的顧客屏蔽起來。換句話說，就是限制「能用較低票價搭乘摩天輪」的顧客族群，不讓這個利益外溢到其他遊客身上。有一種稱為**窄播**（narrowcasting）的廣告宣傳方式，能有效鎖定狹隘範圍的特定目標族群，我要使用的就是這個方法。

舉例來說，使用GPS定位系統，鎖定來到遊樂園附近的人，透過LINE等通訊軟體對他們的手機傳送廣告訊息：「從現在起，三小時內前來搭乘摩天輪者，只要出示手機上的訊息畫面，就能以優惠價四百日圓購買搭乘券」。原本平日搭乘摩天輪的可能只有百分之一的遊客，使用這種方式後，將比較容易提高到百分之五。

另外一個方法是，不改變摩天輪的票價，但在平日發給搭乘者在同一座遊樂園內經營的咖啡廳折價券，憑券可免費兌換一杯五百日圓的咖啡。

或許有人會想，這麼一來不是等於損失了五百日圓嗎？絕對沒這回事。一杯咖啡的成本通常是定價的百分之十。免費贈送一杯五百日圓的咖啡，其實也不過送出五十日圓。再說只要能吸引遊客進入咖啡廳，多數人不會只換一杯咖啡就離開，等於這張折價券還能促進顧客在咖啡廳內做更多消費，這麼一來，也能提高整座遊樂園的產能利用率。這就是所謂「以退為進」的做法。當然，這種免費折價券的優惠，充其量只是為了用來提高平日的產能利用率，如果連週末也一樣這麼做，可就失去意義了。

最重要的是**區隔**（segment）給予優惠的顧客族群，以及不讓其他族群得知優惠內容（屏蔽顧客）。必須做到不讓其他人知道特定族群的顧客可獲得哪些優惠才行。

美國的赫茲租車是全美市占率最高的租車公司。赫茲租車聲名遠播，全世界約有五千一百家分店，光是美國國內就有一千九百家分店，在日本也與豐田租車公司業務合作，相信不少人出國旅行時也曾租過赫茲的車。

雖然這不是我喜歡的做法，但赫茲租車會根據顧客隸屬的企業區隔租車的價位，這也是一種屏蔽顧客的做法。

比方說，在租車時必須填寫申請書，假設我在公司欄位上填了麥肯錫，店員便會確認手邊名冊上登記麥肯錫公司的名字，對我做出「因為您是優良企業的顧客，可提供您百分之〇優惠」的提案。換句話說，赫茲租車對大企業或優良顧客採取其他人不知道的明顯優待政策。

幾乎所有日本人都不知道這個資訊，其實在美國，以隸屬企業區隔顧客的情形並不少見。

為什麼要做這種看似傾銷的行為呢？因為他們很明白盡可能讓邊際利潤對固定成本貢獻最大化的重要性。

「在機場附近的停車場準備了一千輛車等候您的光臨！」就算資源如此充分，沒有顧客上門也只是浪費罷了。對租車公司而言，用來出租的汽車就是固定成本，閒置不用等於排擠利潤。所以才會寧可打折也要提高產能利用率。

不只如此，其實他們經過仔細計算，只要根據不同企業的規模和租車率提供不同比率的優惠就不會虧本。表面上看似傾銷，實際上卻是確保了持續上門的好客人，無論站在利潤的觀點還是站在產能利用率的觀點都有好處。

美國運通卡受世界支持的真正原因

在美國，這種區隔顧客的方式相當盛行。

美國運通卡就是個很好的例子。在日本，跟VISA等信用卡相比，能使用美國運通信用卡的地方並不多，但是日本之外的國家，美國運通卡在商場上的使用率卻是壓倒性的高。

為什麼呢？因為美國運通接受以法人為單位結清卡費的做法。和它簽約的企業，全體員工都會拿到一張美國運通卡，出差時租車或旅館費都用美國運通卡支付，再由公司統一付款。這麼一來，會計處理就會變得很簡單。

還不只如此，美國運通和赫茲租車一樣，給每個企業不同的優惠折扣。它可以跟個別飯店、租車公司或餐廳交涉更優惠的折扣，再對企業提出「貴公司員工可以用七折的價格住宿這間飯店」等提案。不同企業的折扣不同，五折或八折都有可能。

站在企業的角度，讓員工使用美國運通卡可以節省出差經費，沒道理不接受；站在飯店或租車公司的角度，就算給出較優惠的折扣，只要能因此增加優良顧客使用率及自家產能利用率，也沒有比這更划算的事了。如此一來，對三方而言都是圓滿大結局，**三贏**局面就此成立。可惜美國運通在日本尚未採用這種與日本企業或法人合作的形式，無法體現它這方面的強大。

更厲害的是，為了方便白金卡客戶，美國運通隨時會將都會區內一流餐廳最好的位子預約起來，當高階客戶造訪那座城市時，幫客戶預約餐廳也包含在美國運通卡的服務中。他們甚至扮演起飯店禮賓部的角色，在旅途中使用美國運通卡就等於有機會獲得高級服務，這就是為什麼儘管美國運通卡在全世界的市占率只排名第四，卻始終被評為「社會地位堪稱世界第一的信用卡」。

我曾向日本的旅行社提案，建議他們應該採用美國運通式的計價方式，然而那間公司卻無法理解我的用意。這是因為他們還沒有以整個法人為客戶的概念，更別說針對個別客戶提供不同優惠以及用較便宜的價格提供服務的想法。飯店業、租車業和餐廳等固定成本產業經常為了如何讓邊際利潤對固定成本的貢獻最大化而傷透腦筋，殊不知「只要提供特別優惠就能爭取到一定數量的客戶」，對他們來說，就是最符合需求的提案。

做為固定成本的資產一旦閒置，便無法帶來利潤。與其閒置資產，不如至少回收一些費用成本。這樣的想法，激盪出了新的創意。

黑川溫泉為什麼吸引人

位於阿蘇山北方的熊本縣黑川溫泉，於《二〇〇九年米其林綠色指南・日本》中獲得兩顆星的評價。這處溫泉勝地的特徵，正可說是徹底運用了邊際利潤對固定成本貢獻最大化的概念。

在進入正題之前，我想先說明關於黑川溫泉的基本資料。

黑川溫泉觀光旅館公會在官方網站上開宗明義寫得很清楚，「由於本溫泉地位於山間，不方面使用大眾交通工具，請盡可能開車或租車前來」。由此可見那裡絕對不是個交通方便的地方，即使開車前往，距離最近的大分高速公路日田交流道也需要一個小時車程。若從福岡市內出發，需花上兩個半小時，從熊本市區出發則需要一小時半的車程；此外由於沿途車道狹窄，大型巴士難以進入，很難吸引團體遊客造訪。

黑川溫泉於一九六〇年代獲國家指定為國民保養溫泉地，也曾有過一時的風光，可惜並未維持太久，很快便開始荒廢。然而其中一家溫泉旅館在困境中想出對策，開設了洞窟溫泉和露天溫泉，稍微恢復了往日的人潮，也帶動四周旅館紛紛開發起露天溫泉。

到這邊為止，看來和一般的溫泉鄉歷史沒什麼兩樣。那麼，究竟黑川溫泉靠什麼成為全國頂尖的人氣溫泉勝地呢？

答案就是——邊際利潤對固定成本的貢獻最大化。根據這個概念，他們想出了可利用所有露天溫泉的「溫泉通行證」。目前的售價是一張一千三百日圓（兒童七百日圓），只要帶著這張通行證，就能使用三個不同旅館的露天溫泉。黑川溫泉有二十四個公會加盟旅館，當然也可以只去泡個別旅館的溫泉，但各家旅館單次泡湯的費用都不同，大約是五百到八百日圓不等。而遊客只要購買這張通行證，就能以更優惠的價格享受除了投宿旅館之外的溫泉，因而大受好評。

這番巧思設計的宣傳語是「黑川溫泉一旅館」，指的是「將城鎮全體視為一間旅館，各旅館之間的道路就是走廊，旅館則是客房」的概念。換句話說，黑川溫泉將整個溫泉小鎮視為一個企業來經營，藉此吸引遊客。

一個溫泉小鎮不可能只靠單一溫泉繁盛，這裡的旅館業者們發現，唯有小鎮全體成功發展，個別旅館才有生路。因此他們將原本雜亂林立又招搖的兩百個旅館招牌全部拆掉，統一整個城鎮的景觀，打造了一個「有情調的溫泉小鎮」。接著，再透過溫泉通行證的做法，提昇每家旅館的溫泉產能利用率。正可說是運用了邊際利潤對固定成本貢獻最大化的概念。

此外，一張通行證最多只能泡三個溫泉，這又產生了另一個效果。遊客不免出現「既然如此，不如稱霸所有溫泉吧！」的想法，於是一而再、再而三地造訪。對此黑川溫泉又另外頒發「黑川溫泉認證之巡湯達人」的稱號給洗遍二十四間旅館溫泉的遊客，並致贈紀念毛巾和化妝包。

一般溫泉勝地的大型飯店，往往會在建築物中設置餐廳、酒吧、紀念品賣場、遊樂場、KTV包廂、游泳池等設施，希望遊客在飯店裡玩得盡興；然而這麼做會導致遊客走不出飯店，無法振興地方整體的經濟。

黑川溫泉不像鬼怒川溫泉那樣有大型飯店或旅館，造訪此地的遊客通常會手持溫泉通行證，穿著浴衣和木屐在市鎮上的小巷弄裡喀啦喀啦地往來穿梭。走在街道上，路旁還可買到用溫泉水做的溫泉蛋，雖然無人販售，只要自行在木箱裡丟進銅板，就能吃到溫熱可口的溫泉蛋，醞釀出一股溫泉鄉的氛圍。一張溫泉通行證的有效期限是六個月，若一次用不完，下次造訪時還可以繼續用。當遊客四處泡著各有特色的溫泉時，也可順便一窺不同旅館的裝潢與服務，經常聽見遊客離開某處溫泉時，彼此商量著「下次不如來住這家吧」。

藉由開放溫泉（固定成本）與其他業者結盟的網絡化做法，提高溫泉地的整體價值，結果就是成功將黑川溫泉打造成全國頂尖的溫泉勝地。我過去也曾造訪黑川溫泉，當時並不認為那裡是個這麼有發展潛力的地方，畢竟國內還有其他條件更好的溫泉小鎮或景觀更美的溫泉鄉。儘管如此，黑川溫泉卻這麼受歡迎，原因正是他們採取了邊際利潤對固定成本的貢獻最大化的經營方式。

lastminute.com的成功

再多看一點關於邊際利潤對固定成本貢獻最大化的經營事例吧。

用簡單易懂的方式來說，固定成本就是商機。一如前面洗衣店與黑川溫泉的例子，透過與同業結盟的方式來提高自家的產能利用率。這對中小型的固定成本產業來說，會是很有效的手法。另一種方法就是像美國運通那樣，站在為對方提供邊際利潤對固定成本貢獻最大化的立場，以創意博取利益。

前者的模式在日本有不少成功案例，後者則不太容易順利推展。以下要介紹的便是後者在國外的成功案例，那就是英國的網路旅行社Last Minute（http://www.lastminute.com/）。

這一間從一九九八年開始提供服務的公司Last Minute——顧名思義，就是以在**最後一刻**預約的方式，提供遠低於行情價格的飯店及機票。創辦人是一位名叫瑪莎．萊恩．福克斯（Martha Lane Fox）的女性，當年還不到三十歲。

Last Minute聰明的地方，就在於不採用**廣播**（broadcasting）方式對不特定多數人傳送廣告資訊，而是徹底以窄播的方式對特定族群傳送廣告訊息，內容多半類似「〇〇先生／小姐，這是只告訴您的專屬情報喔」。

具體來說，Last Minute都對目標族群窄播什麼樣的資訊呢？

在此請先想像一個在倫敦大企業工作的商務人士——單身、有女朋友、經濟優渥，只可惜沒有時間。

Last Minute會在星期五傍晚，對準此一族群發送電子郵件，信件內容是一場詳細的巴黎約會計畫。

住宿地點可能是離香榭麗舍大道很近的五星級飯店喬治五世巴黎四季酒

店，平常住一個晚上起碼八百美元起跳，可是星期五晚上卻還有空房，如果始終沒人來住，那這間空房的收益就等於零。對飯店業者而言，就算房價大幅低於行情，也總比沒人住好，這就是邊際利潤對固定成本貢獻最大化的概念。Last Minute正是利用這點從中斡旋，由網站出面向旅館交涉房價，再對消費者提出「原本一晚八百美元的房價現在只要兩百五十美元即可入住」的提案。

不過如果只是這樣的話，和日本常見的飯店預約網站還是沒有什麼差別。Last Minute網站做的更

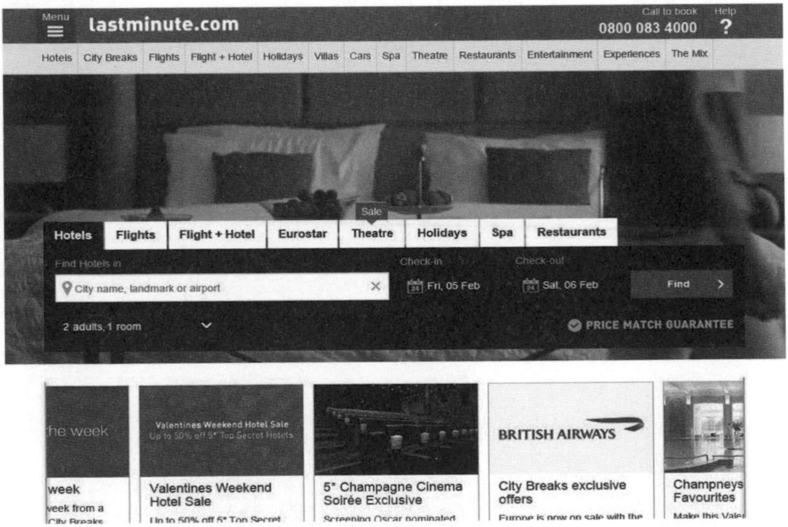

lastminute.com的官方網站，上面有許多優惠方案

多，包括從倫敦到巴黎的機票、享用晚餐的餐廳和用餐過後的舞廳都一併規畫好，再對消費者做出「整個行程只要兩人四百美元，要不要考慮看看？」的提案。當然，餐廳座位早已事先預定，到了舞廳如果人多進不去，只要跟保全說聲「是Last Minute網站介紹來的」，就會帶你從後門進去。可說是用盡一切手段，只求賓至如歸。

Last Minute的經營概念，就是集合飯店空房、飛機空位、餐廳空位等固定成本產業的閒置固定成本，組合成套裝行程出售。

這種預約套裝行程如果想提早一個月或一星期來做都是行不通的。對航空公司和飯店、餐廳來說，那時還沒有降價的必要。然而如果是提早一天或甚至是當天呢？為了提高閒置產能的利用率，降價出售還是比不出售划算。Last Minute看準的就是這一點。

對收到Last Minute窄播廣告訊息的商務人士而言，這也是求之不得的提案。「好，現在就動身去巴黎吧！」這麼想著，立刻對女友提出邀約，不但女友芳心大悅，男友的身價肯定頓時上漲。事實上，Last Minute在英國大受好評，創辦人於二〇〇五年將公司脫手時，市值高達五億七千七百英鎊，換算成日圓，大約有一千億的價值。

買報紙全版廣告的愚蠢

享受當下的優惠價格。

這個消費概念從倫敦擴展到了全世界。實際上二〇〇二年日本也成立了Last Minute株式會社，架設專屬網站；不料這間公司撐不到五年，在二〇〇六年悄悄解散。是因為邊際利潤對固定成本貢獻最大化的概念在日本終究行不通嗎？還是因為凡事喜歡計畫的日本人無法接受「享受當下」的價值觀呢？

姑且不討論固定成本的問題，我認為窄播的宣傳方式，將成為今後爭取消費者的主流手段。電視廣告或報紙廣告那種廣播式的宣傳，已經無法激起人們的購買欲了。

線上購物網站亞馬遜早已開始實踐這種做法。打開亞馬遜網頁，一定能看見推薦商品的欄位。亞馬遜網站分析每個網站使用者過去的購買履歷和瀏覽履歷後，找出類似商品並顯示在每個使用者看見的頁面上。使用解析大量數據資料的資料探勘（Data mining）技術，收集個人資訊並加以分析，針對每個人量身打造具有吸引力的廣告內容，就這層意義來說，甚至可說這是比窄播更針對性的**點播**（pointcasting）宣傳。

另一方面，對不特定多數傳播訊息的廣播方式，效率則會越來越差。舉例來說，在日本經濟新聞報上刊登一次全版廣告的公定價約為兩千萬日圓。日經早報一天的銷售份數是兩百七十三萬九千零二十七份（根據二〇一五年六月／日本ABC協會公查之早報銷售數字）。試想，在這大約兩百七十四萬名訂閱者中，記得當天日經全版廣告內容的又會有多少人？刊登全版廣告這件事，說起來或許只是滿足了經營者「在日經刊登全版廣告」的自我滿足感罷了，就廣告效益來說CP值其實非常低。我甚至曾開玩笑地對人說「只要看到哪個企業在日經刊登全版廣告，我就會把那家公司的股票賣掉」。

窄播及點播的宣傳方法很適合固定成本產業。影城、劇場、餐廳……如果還有空位，不妨用窄播或點播的方式鎖定目標客群，增加產能使用率。實際執行時該如何區隔使用族群，該如何讓對方獲得「只有你能得到這份優惠」的划算感，該如何包裝販售，就看業者如何發揮創意巧思了。簡單來說，就是得讓消費者感受到不只價格受惠，還有某種附加價值的魅力。

在此整理兩個要點：

1. **固定成本閒置時不會產生任何利潤。分析產能使用時段，不惜在離峰時段降價，也要提高產能利用率。**
2. **想提高產能利用率，可以利用窄播或點播的方式，屏蔽或鎖定特定族群的消費者，藉以促進消費。**

與其為了確保利潤而削減固定成本，不如讓原本產能閒置的日子或時段也發揮產能，簡單來說就是這樣的概念。固定成本換個說法就是資產，任憑資產閒置未免太浪費，倒不如以窄播或點播的方式爭取消費者上門使用。

5 數位大陸時代的創新（Digital Continent）

——如何跟上瞬息萬變的速度

AG32年

二〇一六年是AG32年。一想到距離AG元年已經超過三十年了，內心不免感慨萬千。

AG是After Gates，亦即蓋茲之後的略稱。微軟創辦人比爾．蓋茲於一九八五年十一月在市面上推出一套代號Interface Manager的視窗軟體，也是第一代的Windows，從此比爾．蓋茲正式踏上世界舞台，揭開其後網際網路時代的序幕，我將這一年稱為網際網路時代的元年。一九八五年發生的還不只這件事，那年同時是CNN首度從亞特蘭大朝全世界播送新聞的一年，也是電腦製造商捷威電腦創立的一年。

這些企業在強而有力的領導人帶領下，不是從大都市，而是從地方都市崛起，擁有完全不同於過往企業的概念與意識，而世界也在他們手中起了變化。

以這年為界，社會的樣貌產生了極大的改變。在那之前的時代，我稱為BG——Before Gates，亦即蓋茲之前。

比爾．蓋茲也是以個人之力在世界上掀起變革的一號人物。蓋茲之後（AG）的世界，可以說是一個將個人創意與創新能力視為必須的時代。

我在AG17年的二〇〇一年出版了《THE INVISIBLE CONTNENT》一書（意為看不見的大陸，在日本翻譯時書名為《新．資本論》，由東洋經濟新報社出版），書中主張，在未來的商場上「財富將自平台而生」。

所謂的平台，原本指的是火車站月台，我將它拿來做為電腦用語。因為非常單純而被許多人接受。後來如果有某些硬體或軟體成為其他許多製品機能必須配合的對象時，也會用平台來形容。換句話說，平台就是一種構成共通場域的標準。

舉例來說，語言方面的世界平台就是英語；電腦OS（作業系統）的世界平台就是微軟的Windows；搜尋引擎的世界平台就是Google。到了現在，還得再加上包括雲端運算和社群網路服務的網際網路等這個時代不可或缺的要素。

不過這類平台不同於鐵道車軌或JIS規格（日本工業規格）等工業化社會的各種標準。現在的平台——看不見的大陸——並不由國家或政府決定其形貌，而是由消費者、使用者來決定。

舉例來說，過去索尼的Betamax，與日本Victor（現在的JVC建伍）及松下電器為中心的VHS曾有過一場平台霸權之爭。也就是俗稱的「錄影帶格式戰」。儘管Betamax在技術上和外型精簡度上都較為優越，贏得最後勝利的還是VHS。決定誰勝出的不是別人，正是消費者。

這類規格戰並未就此停歇。比方說LD在與VHD爭奪霸權時看似占了上風，兩者卻都很快地被DVD驅逐。DVD本身則一直陷在「R／RW」和「+R／+RW」等消費者根本不在意的規格戰泥淖中，如今卻也被藍光光碟（Blu-ray Disc）打敗。不，或許該說，對以上所有傳播媒體而言，如今獲得壓倒性勝利的是網路這個平台。

為何數位商品壽命這麼短

大部分的平台之爭，都會在一人獨大的情形下落幕，成為絕對勝利者周圍只留下少許利基企業的狀態。

然而回顧錄影帶規格戰的歷史即可得知，平台的支配力並非永久保證。平台之所以成為平台，未必一定因為比別人優越，單純只是吸引了最多消費者而已。既然如此，只要能開發或提出一個比現有平台更容易進入的平台，就有十足可能驅逐目前獨大的平台。

同時現代商業的特徵也如錄影帶規格戰的末路所示，已經進入無法依靠單獨硬體成為平台的時代。換句話說，商業趨勢已經從根本上改變，靠單獨硬體就能帶來財富的時代已經結束。

可視為其中象徵的，就是日本企業一路鑽研過來的數位相機與各種行動播放器等單一硬體。這些硬體技術，如今已成為智慧型手機或平板電腦上的一個圖示——分散的數位島嶼融合並納入智慧型手機或平板電腦等數位大陸之中。

總而言之，現在人都居住在數位大陸上，必須從身處位置發揮對事物的創意與想像，若一味拘泥於硬體，將無法在這塊大陸上生存。

那麼，又該怎麼做才好呢？

比方說，以數位相機的例子來思考看看吧。

自從法國化學家涅普斯（Joseph Nicéphore Nièpce）在一八二六年拍下世界上第一張「用相機拍下的照片」後不久，一八四一年卡羅法、一八五一年濕版攝影法和一八七一年乾版攝影法陸續發明。一八八〇年代底片發明後，直到二十世紀末期都是底片攝影的全盛時代。

如前所述，日本最早普及的數位相機是卡西歐一九九五年三月發售的QV-10，此後數位相機急速成為一個平台。不過從底片相機的誕生到數位相機成為主流，當中經過了一百年以上的歲月，在這一段演變過程中，財富一直從單一硬體中誕生，由技術競爭支撐起商業發展。

然而在那之後的數位相機情況又是如何？

二〇〇〇年十一月J-PHONE推出附有數位相機功能的行動電話J-SH04，從此數位相機成為行動電話的功能之一。當然數位相機這項商品本身的技術依然持續開發，佳能在二〇一五年九月就發表了「已開發出世界最高兩億五千萬畫素的CMOS（互補金屬氧化物導體）感光元件」的消息。QV-10的總畫素是二十五萬，顯示二十年來數位相機的畫素已提高到了一千倍。

不可諱言的是，數位相機做為單獨商品時的存在感相對降低許多，現在一般年輕人幾乎不持有數位相機。智慧型手機內建的數位相機功能取代了單一數位相機，如今數位相機已成為智慧型手機或平板電腦等數位大陸的一部分。

儘管紀元前已經有人想出透過一個小洞窺看洞外景色的相機概念，直到相機正式誕生，仍經過了一千八百年以上的漫長歲月；從底片相機轉變為數位相機的時間則約莫一百年；之後更是只花了五年，數位相機便成為行動電話的一部分。變化之快，使得企業和個人都苦於應對跟隨。這種令人難以置信的高速變化正是AG時代的特徵，也是數位大陸本身呈現的樣貌。

但是從相反的觀點來說，只要能跟得上這瞬息萬變的速度，一定能找到開發新事業的機會。

預測五年後的生活

那麼，該怎麼做才能跟上數位大陸瞬息萬變的速度呢？

首先，應該在腦中想像數位大陸近未來的樣貌——不是去掌握目前的形貌，而是去問「五年後會變成怎樣？」換句話說，就是以自己的角度預測並做好準備。思考數位相關產業網路化（大陸化）之後自己該如何改變，就能預見新的事業機會；相反地，若發現自己將成為被淘汰的一方，就要趕快思考因應對策。

我推薦的思考方式不是「該拿眼前的商品怎麼辦？」這類從產品出發的想法，而是從整體出發的思考方式，比方說：「五年後的客廳會變成怎麼樣？」

現在的客廳中有電視、藍光（DVD）播放機、衛星放送天線、家用遊戲機、無線LAN、大容量的HDD、電腦、數位相機、立體聲音響等數位機器分別獨立存在，但若問使用者對現狀是否滿足，答案又未必如此。

恐怕五年後（說不定更早），所有的數位機械產品都融合在網路上了。所有數位內容可以集中在一個大容量的HDD（或是雲端儲存空間），以無線LAN連結所有硬體機械。

那麼在這樣的客廳裡自己能做什麼，能提供什麼樣的商品或服務呢？創意就從這裡展開，首先請在腦中描繪五年後的生活，再把商品與服務安排進去。

從產品出發的想像為什麼行不通，因為會產生想像力脫離不了眼前產品的問題。舉例來說，不管如何想像「五年後的數位相機會變成什麼樣？」無論如何也無法超脫目前的數位相機形貌，就算做出「五年後的數位相機畫素可達到兩百億」的預測也沒有意義。因為那只是對技術的預測罷了，並非對生活或生活型態的預測。

此時應該預測的是**五年後的生活及生活型態**。

然而說生活未免太過籠統，必須縮小想像對象。比方說，以下列的對象進行預測。

- **汽車**
- **客廳**
- **智慧型手機**
- **便利商店**
- **家用伺服器**

・GPS

幾年前我曾預言：

「未來將把行動電話（智慧型手機）當作汽車鑰匙或導航，包括自動找尋停車場、分析駕駛安全度設定汽車保險費用、用汽車行駛資料來檢驗新道路建設的正確性等等。這些都有可能實現。」

這是我對「五年後的汽車」做出的預測，而實際上，二〇一二年二月已有新聞指出，蘋果公司取得未來可透過iPhone藍牙功能（近距離傳送數據資料的無線規格之一）解除汽車鎖與發動引擎的專利；不只如此，蘋果公司還打算繼續取得用平板電腦操縱電動車的專利。我的預測實現了，而且實現得比原本以為的更快。

在美國，智慧型手機的出現改變了高中生考試時的做法。現在用智慧型手機連上Google或Yahoo等搜尋網站毫不費工夫，只要一遇到什麼不知道的事，立刻就能拿出手機輸入查詢，這已經成為現代人的標準做法了。如此一來，腦中是否擁有或記得某些知識，其實已經不是問題。因此美國有一部分高中決定開放「考試時作弊」，容許學生在考場上使用智慧型手機查詢資料。相對地，考試內容不是測驗學生懂不懂知識，而是要求學生寫報告或論文，學生必須運用網路上查來的知識，盡可能闡述自己獨創的論點，才能獲得好成績。

另一方面，日本到現在仍死板地禁止學生攜帶行動電話進考場，可是這樣的日本又多的是滿不在乎地用複製貼上的方式，寫大學畢業論文或博士論文的人。開放作弊與禁止攜帶手機進考場，到底哪一邊才能在數位大陸上生存呢？

任天堂的憂鬱

所謂術業有專攻，想在數位大陸生存還有一個方法，就是善用最了解數位商品的年輕人的想法。

叫連智慧型手機怎麼用都搞不清楚的人預測「五年後的智慧手機會變成什麼樣？」無異是緣木求魚。

如島嶼般分散的數位產品，透過網路、透過整體概念、透過應用程式而結合，成為一塊數位大陸，這就是現代的狀況。想開拓這塊數位大陸，需要優秀的嚮導，如果自己當不成，那就找適合的人來當。如果連這點都搞不懂，始終堅持什麼都能靠自己的話，就算是歷史悠久的大企業也會被新興企業扳倒。

總而言之，現在最需要的，是跨越企業、世代、性別、國籍與宗教的聯手合作。

別再堅持「這就是我們公司的風氣」、「這就是我們公司的文化」，試著和其他公司或個人聯手，借用熟悉數位大陸者的大腦，作為引爆裝置。只要願意提供協助，無論是公司還是個人的意見都該採用，這種進取精神是絕對必要的。這種時候，不管是接受新事物還是新人才，公司內部多少都會出現抗拒反應，此時千萬不可害怕，否則總有一天會在數位大陸上迷失方向。

若是與實質的生意內容有關，從菜鳥到老手都會理所當然地思考數位、網路和智慧型手機吧。即使如此，要人們以數位大陸為基礎來思考新的商業可能性時，不知為何抗拒感就會變得很強。

然而當今的商業人士絕對有必要在公司裡徹底討論數位的本質是什麼，整個組織都必須共同理解並接受數位帶來的威脅。同時，還要徹底研究站在勝利一方的企業究竟做了什麼而導致成功。這些都是身為公司領導人必須每天帶頭做的事，否則組織無法擁有共同的危機感與願景，就無法產生新的創意。

問題是，多數日本企業不知是否缺乏這方面的危機感，總是死抓著過去的成功體驗不放。

其中一個例子就是任天堂。

長年引領遊戲業界的任天堂，很長一段時間一直沒有將智慧型手機放在眼裡。已故的岩田聰前社長甚至曾刻意宣稱自己「不玩智慧型手機上的遊戲」。明明超級瑪利歐或大金剛等任天堂最簡單易懂的遊戲內容很適合拿到智慧型手機上玩，他們依然堅持固守家用遊戲機。

輕視智慧型手機的戰略會產生什麼結果呢？

任天堂的遊戲機Wii在最盛期的二〇〇九年第一季結算時獲得了超過五千億日圓的營業利潤，可是在這之後業績急速惡化，連續三年虧損。二〇一五年第一季結算時雖轉回約兩百四十八億日圓的正營利，卻再也看不到任天堂過去的氣勢。

另一方面，任天堂長久以來忽略的手機遊戲（社群遊戲）世界整體營收，則可望於二〇一五年時首度超越家用遊戲機。在日本，智慧型手機遊戲早已凌駕於家用主機遊戲之上，二〇一四年前者的總營收高達五千六百二十二億日圓，而後者總營收則只有三千七百三十三億日圓。

或許是無法繼續與潮流抗衡，在岩田前社長主導下，任天堂於二〇一五年三月發表了與DeNA進行資本及業務合作的消息，並宣布將在二〇一七年前推出至少五款手機遊戲；不只如此，更宣布其中第一款遊戲將在二〇一五年內上線。此時，遊戲市場無不期盼因世界銷售第一而榮登金氏世界紀錄的超級瑪利歐或耀西、大金剛等人氣角色遊戲能夠加入手機遊戲市場。

沒想到，任天堂再次辜負了眾人的期待。

任天堂決定將智慧型手機遊戲的發布延後到二〇一六年三月；不只如此，做為任天堂第一款手機遊戲的既不是瑪利歐也不是大金剛，更不是寶可夢，而是一款社交遊戲。宣布延期的消息時，接任猝逝岩田前社長位子的君島達己社長對智慧型手機遊戲的延期上市不但表示「原本就不認為會有太大衝擊性，所以延期的影響並不大」，甚至還說「並不認為（智慧型手機遊戲）立刻就能占總收益的一半」。

任天堂大概是將未來賭在預定於二〇一六年發表的次世代主機NX吧！可是，這只不過是緊抓著過去的成功體驗不放罷了。在手機遊戲整體營收遠超過家用機遊戲的現狀下，NX已經不可能成為今後遊戲業界的新平台了。

過去，任天堂曾是以電視遊樂機引領數位大陸的公司之一，卻堅持不願想像五年、十年後的生活型態，使企業經營陷入越來越深的混沌之中。

索尼獲利的真正原因

與任天堂並列為家用遊戲機梟雄的索尼也是無法想像數位大陸時代的公司。明明向來在數位化引領世界潮流的不是別人正是索尼，但說來諷刺，正式進入數位時代後跌了一大跤的公司還是索尼。這件事正好說明了「數位時代沒有先發優勢」，即使是後發企業，也能憑藉速度與規模眼界輕易追過先發企業。

這種情形在硬體面尤其顯著。數位化最明顯的特徵之一，就是加速了商品的汎用化。因為使用的是同樣的晶片，無論先發或後發，商品基本性能必然沒有太大差異。雖然在類比時代，先發者具有優勢，相較之下，數位時代的後發者雖然不至於具有優勢，但也絕對不會處於劣勢。

索尼的社長兼執行長平井一夫宣稱將致力於智慧型手機及遊戲，被其視為重生王牌的PlayStation 4（PS4）於二〇一三年十一月以北美為首於世界各地發售，智慧型手機Xperia也縮減了虧損。二〇一五年第二到第四季合併決算的結果，索尼得到純利為二千三百六十一億日圓的盈利。報紙紛紛出現「索尼重生」的標題，評論家皆稱平井執行長策略成功。

但是我卻不以為然，我認為索尼和任天堂一樣不具有在數位大陸時代生存的覺悟與概念。

舉例來說，索尼從二〇一一年第一季結算到二〇一五年第一季結算之間的累積虧損高達九千兩百九十二億日圓。在這段期間，不但員工人數從十六萬八千兩百人減少至十三萬一千七百人，還賣掉了電腦事業VAIO，電視事業的BRAVIA則轉型為分公司，猜測不久的將來也會賣掉吧。

如前所述，家用主機在今後的時代已不可能成為平台。就算為PS4投入資金與人力而獲得一時的盈利，靠不斷推出賣座遊戲軟體提高收益的時代已不會再來。Xperia也無法迴避汎用化的影響，改變不了徒有賣量卻賺不到錢的業界趨勢。

換句話說，索尼這睽違已久的獲利並非因為找出在數位大陸時代生存的方法，純粹是靠裁員與出售集團事業等削減固定成本的手段奏效罷了。實際上真正賺錢的只有索尼生命保險和旗下擁有索尼銀行等機構的索尼金融控股，再加上為蘋果公司等智慧型手機公司提供CMOS感光元件等數位相機模組的盈利。換句話說，索尼的復活靠的只是金融與零件。

像索尼這樣的大企業經營遇到挫折的原因之一，就是過度依賴往日的成功經驗。索尼的特色本該是製造「世界上沒有的東西」，一直以來，正因索尼的商品是過去世界上沒有的東西，才能夠吸引這麼多愛好者，也才能聚集這麼多優秀的人材，成為一個平台。

然而，看看今天的索尼又是如何？一發現不動產能賺錢就賣掉總公司大樓，一發現智慧型手機能賺錢就對智慧型手機事業過度投資。

「目前手頭事業中的電腦和電視已經賺不了錢了，不如收手吧。」

「『再懷抱一次夢想』，靠家用主機扳回一城吧？」

「現在應該是不顧一切推展Xperia的時候吧？」

不難想像，索尼的內部討論大概只會像這樣站在過去的延長線上加加減減吧！如果他們真的認為這次睽違已久的獲利是出於方向正確的策略，只能說索尼的結束即將開始。

前進數位大陸

索尼和任天堂之所以陷入苦戰，是因為他們對五年後的生活與生活型態沒有想像力，描繪不出整體藍圖。

比方說索尼，（現在已經成為其他公司的）VAIO部門的人只會思考VAIO的事，即使要他們描繪五年後的藍圖，那也只是五年後的VAIO。同樣地，電視部門的人只會思考電視；PS4部門的人只會思考遊戲的事。只規畫自己事業部的計畫就心滿意足了，至於所有部門加起來會變怎樣，公司整體藍圖怎麼規畫等等需要站在宏觀角度的思考，他們就辦不到了。各單位的負責人們眼中看不到分散的單一硬體島嶼結合成一大塊數位大陸，以及當中相互作用影響的情形，只會站在過去的延長線上思考。此外，高層也只會看這些一個蘿蔔一個坑的人在不同時候的瞬間表現下判斷，導致經營方針每年都在變。這裡有個很大的問題，無論是過去稱霸商場的企業，還是廣受全世界尊敬的企業，一旦沒有數位大陸的概念，就會被時代超越。

美國的奇異公司在被日本家電奪走市場的過程中，開始嘗試投入其他各種事業，比如製造飛機引擎、收購廣播公司、展開金融事業等等。三十年來奇異公司徹底重整事業內容，大幅改變經營品項，因為他們知道「不改變就無法生存」。請銘記在心，現在的時代比起奇異公司力圖改變時更嚴苛，企業與個人都必須意識到自己是住在數位大陸上的一員，需要順應新型態的生存遊戲規則，否則將會被這個世界淘汰。

在此整理出兩項重點：

1. 個別數位產品在網路連結下已逐漸整合，從分散的數位島嶼結合為整塊數位大陸。這是必須面對的現實。

2. 站在數位大陸的基礎上想像五年後的生活及生活型態，思考可以放入何種

商品或服務。

不能再緬懷美好的當年，一味讚美過去了，因為時代不會回頭，我們身處尚未釐清全貌的數位大陸，只能仰賴自己摸索出的航海圖前進。

6 快轉思考法（Fast-Forward）

——抓住「預兆」的重要性

Google的動向是很好的「提示」

據說槍（火繩槍）於桶狹間之戰的十七年前，也就是西元一五四三年時傳入日本。葡萄牙人乘南蠻船漂流到種子島（鹿兒島縣）時，手上拿的就是當時最先進的武器——火繩槍。

當時的日本人正確地掌握了這個前兆，立刻製作出國產火繩槍，瞬間普及全國。據說戰國時代末期全日本已經有超過五十萬把火繩槍，是當時世界上持有最多槍枝的國家，在不到五十年的時間，就躍升為這方面的世界第一。

說起來，日本就是個擅長作弊的民族。飛鳥．奈良時代從中國大陸及朝鮮半島仿效技術與文化，明治維新之後則取經歐美。也有人稱呼這是模仿文化，其實沒有什麼好丟臉的。

接下來我將說明的「快轉思考法」（Fast-Forward），正是將這種作弊發揮到淋漓盡致的做法。

所謂新的概念，其實多半是早已存在的東西，有的可能尚未清楚成型，但至少已經萌芽。新概念的出現，只是這小小的芽猛然抽長而變得醒目罷了。換句話說，昔日的日本人就是從幾把葡萄牙人的火繩槍中感覺到萌發的芽，再加以發揚光大；同樣地，敏銳察覺現在存在世界各處「走在時代尖端的事物」、「引領時代潮流的企業」和「領先時代潮流的個人」，將從他們身上偷學到的東西變成自己的東西，正是快轉思考法的基礎。

此時最重要的是掌握走在時代尖端的事物，第一件應該做的事就是檢視Google。不是在Google上查詢檢索，而是查看Google這家企業的動向。

看看二〇一〇年之後的動向，Google收購了各種不同領域的企業，包括微網誌社群網路服務、社會化搜尋服務、電子郵件應用程式開發企業、線上照片編輯服務、線上影片發布平台、圖像搜尋、個人化網頁開發企業、音訊與影片壓縮技術、網路廣告技術平台、社群遊戲、語音通訊公司、雲端音樂服務……有了這麼多線索，應該不難看出Google今後想朝哪個方向走。

Google經手的也多半是走在時代尖端的事業，像是眼鏡型產品Google眼鏡，或是設立研究對抗疾病、衰老及健康照護科技的Calico公司，開發量子電腦等都是廣受世人矚目的新聞。最近又陸續收購了人工智慧（AI）及機器人相關企業，也發表了將免費釋出最新人工智慧軟體TensorFlow的消息。此外，Google將獨自開發製造自動駕駛汽車亦在大街小巷蔚為話題。

無論在網路或手機業界，Google都已形成平台，以微軟也追不上的速度展開各種行動，當然這跟Google將可與蘋果iOS匹敵的手機作業系統Android免費開放給全世界大有關係，今後一定要定期觀察Google的動向，決不放過任何一絲變化的前兆。

關注成長百分之一萬的公司

可以偷學的對象不只Google。

請看下頁的表格。

這是方便找出引領時代潮流企業的「勤業眾信高科技高成長五百強」排行榜，由世界最大會計師事務所勤業眾信從一九九〇年代起將TMT（技術、媒體、通訊）業界中急速成長企業的收益（營業額）成長率加以排行表揚。

創業時規模越小，之後的成長率當然也會越高，即使如此，超過百分之一千的成長率仍然非比尋常，因此我們或許能從這些企業之中看出某些前兆。

舉例來說，表現出異常成長率（從二〇〇九年到二〇一三年就進步了百分之十二萬三千六百七十八）的北美第一名企業MobileIron。這間二〇〇七年時於加州山景城（矽谷）設立的公司，早在二〇一一時便於日本成立法人了。

這間公司主要從事IT相關軟體開發與IT顧問工作，特徵在於不以一般網際網路為對象，而是專門聚焦智慧型手機等電訊方面業務。在理所當然地將智慧型手機運用於工作中的現代，一間公司該如何管理幾千幾萬部智慧型手機，勢必將成為一大問題。幾乎所有公司都必須加強情報外洩和資安防護的對策，MobileIron公司正著眼與此，目前日本也已有日本航空集團、資生堂、高

排名	公司名稱	所在地	成長率

●北美地區前十名

1	MobileIron	加州	12萬3678%
2	Fuhu	加州	6萬7627%
3	Twilio	加州	2萬5248%
4	Phunware	德州	1萬7716%
5	Apigee	加州	1萬7384%
6	Kabam	加州	1萬7264%
7	Shopify	加拿大	1萬6759%
8	Aquantia	加州	1萬5941%
9	Dejero Labs	加拿大	1萬4299%
10	C-4 Analytic	麻省	1萬3397%

●歐洲、中東、非洲地區（EMEA）前十名

1	Weezevent	法國	4萬3202%
2	Taboola	以色列	4萬2048%
3	Superfish	以色列	3萬7102%
4	Valens	以色列	3萬3244%
5	Goodgame Studios	德國	2萬8327%
6	Widespace	瑞典	2萬7930%
7	Hiro Media	以色列	2萬2219%
8	Celeno Communications	以色列	1萬7773%
9	CeGaT GmbG	德國	1萬5897%
10	Dolphin Group ASA	克羅埃西亞	1萬3397%

●亞洲、太平洋地區前十名

1	Daum Kakao Corp	韓國	1萬1618%
2	Telison	中國	9793%
3	BOE Technology Group	中國	9710%
4	tap4fun	中國	4638%
5	HSTYLE	中國	3990%
6	NEXTDC	澳洲	3626%
7	Ace Technology Corp	韓國	3536%
8	XI'AN Bossun Mining Safety Technology	中國	3120%
9	Eat Now Services Pty	澳洲	2768%
10	Edureka	印度	2768%

※數據引自「勤業眾信高科技高成長五百強」。北美地區與歐洲・中東・非洲地區的成長率為2009年→2013年，亞洲・太平洋地區的成長率為2011年→2013年統計。

島屋等企業導入該公司產品與服務。

EMEA地區（歐洲、中東與非洲地區）獲得成長率第一名（二〇〇九年至二〇一三年）的是提供網路票券銷售應用程式的公司Weezevent。

亞洲、太平洋地區以百分之一萬一千六百一十八成長率（二〇一一年至二〇一三年）榮登榜首的是韓國最大的網際網路企業Daum Kakao Corp。這是二〇一四年時由Kakao corp與Daum公司合併後誕生的公司，提供手機用即時通訊應用程式Kakao Talk服務。

拿著這份名單，將這些值得偷學的對象——勤業眾信高科技高成長五百強——從上往下仔細研究，配合網路查詢，輕易就能查出各家公司的業務內容，研究他們成功的原因，從中鑽研有哪些未來趨勢的前兆。

附帶一提，以日本的情形來說，進入亞太地區前五百名的企業僅只有四十五家，真是個令人落寞的結果。從整個亞洲來看，中國入選前五百名的有一百家，印度與台灣各九十家，澳洲有七十四家，紐西蘭五十一家，韓國四十七家，日本入選的企業比這些國家都要少。

孫正義的「時間差攻擊」

透過對已出現的事例或企業的研究，或許可望與其事業部或企業合作、收購、業務合作、取得在日本的獨家經營權、投資、介紹給第三方……等等，從中找出新的商機與可能性。

這種偷吃步也可說是現代成功經營者一貫的態度。

舉例來說，軟體銀行代表孫正義就曾說過自己的經營模式是「時間差攻擊」，也可稱之為「時光機經營法」。他的方法是拿美國最尖端ＩＴ技術與企業作弊，利用時間差在日本獲利。

一直以來支持軟體銀行集團經營的，就是入口網站日本雅虎。我認為如果沒有日本雅虎，軟體銀行大概早就倒閉十次了吧。雅虎原本是在台灣出生的美國史丹福大學生楊致遠和他的朋友大衛・費羅（David Filo）於一九九五年創建的網路指南新創企業。

孫正義注意到雅虎，投資兩百萬美元（以當時的匯率換算約為兩億日圓），當時雅虎事業才剛開始八個月，也就是一九九五年十一月。很快地，隔年一九九六年一月已設立日本雅虎株式會社。不受美國雅虎總部經營失敗的影響，日本雅虎一直在日本獨立發展，如今已成為單獨營業額高達三千五百三十五億日圓（二〇一五年第一季財報）的優良企業。

比誰都早看出發生在ＩＴ先進國美國的前兆，果斷引進日本，促進在亞洲的發展，這就是孫正義的經營手法。

他自己也曾這麼說：

「ＬＴＥ（高速無線通訊標準）使行動電話從音訊中心的世界一口氣朝手機網路的世界發展。換句話說，已經進入在手機網路領域使用時光機經營的階段。對軟體銀行來說，這是第二回合的時光機經營。」（引用自二〇一〇年十月十五日，CNET Japan）。

軟體銀行於二〇一二年收購美國第三大行動電話公司斯普林特（Sprint Nextel），正是看出從網路到行動電話的前兆而進行的時光機經營。

不過，時光機經營並非孫正義的專利。

比方說營業額凌駕百貨公司之上，在國內擁有超過十兆日圓市場，如今已是全國各地不可或缺存在的便利商店，於一九七〇年代首次進入日本。便利商店在日本的落地生根，7-Eleven功不可沒，不過其本身就是一個偷學來的事業。

當年三十九歲的伊藤洋華堂員工鈴木敏文（現任7&I控股集團執行長）得知便利商店正在美國各地迅速擴展，於是透過授權合約的方式引進日本。

連鎖速食店麥當勞在日本的情況也類似。進口雜貨販售店藤田商店社長藤田田注意到美國的麥當勞，取得連鎖加盟權後引進日本（日本麥當勞一號店於一九七一年七月開幕）。除了麥當勞之外，藤田還以同樣連鎖加盟方式將美國大型玩具量販店玩具反斗城引進日本。

前人們就像這樣，用了偷吃步的方式取得並擴大了事業的成功。

快轉「前兆」

不過這裡最重要的觀念，是快轉的思考方式充其量只能是從現有市場中激發創意或靈感，再試著構想自己市場上的事業，但並不代表直接將美國流行的東西帶到日本。

舉例來說，看到美國流行一種把好幾片漢堡肉疊在一起的漢堡，於是跟風在日本市場上也販賣起這種漢堡，這就不是快轉，純粹只是抄襲。

其中的關鍵，是能不能抓住世界中正在發生的微小現象（前兆），並試著在自己腦中快轉想像。在前面數位大陸時代的章節也曾提到想像五年後的生活與生活型態，就是類似這種方法。

前面介紹了孫正義注意到美國雅虎時的小插曲，請注意，當時並不是因為雅虎已經廣為世人所知，所以他才出錢投資。他只是看出了小小的成功前兆，以快轉的方式預見幾年後的世界，願意對自己看到的東西賭上一把。在投資中國電商企業阿里巴巴時，他甚至比阿里巴巴的創業者馬雲買下更多股票。當然，其中也會有風險。事實上，軟體銀行也投資或收購過美國的出版社、記憶體製造商、日本的電視台及銀行等不同業種的企業，並非所有嘗試都成功，倒不如說失敗的比例比較大。

然而無論是雅虎也好，7-Eleven也好，都是靠著快轉前兆而獲得成功，建立起今天的地位。因為他們抓住了微小的徵兆，才能搭上隨後的巨大浪潮。

再強調一次，快轉概念的重點不是抄襲或模仿。抄襲或模仿充其量只能當作尋找前兆，獲得靈感的方法。

在此將本章重點整理為以下兩項：

1. **所有的新概念都可視為早已存在。**
2. **找出並抓住微小的前兆（提示、靈感），用高速快轉的方式，想像它引導的未來。**

快轉的概念講求的是敏銳的感受力，請隨時將眼光放在潮流上，發現別人尚未發現的前兆，發展成新的創意點子。

7 有效利用閒置事物的創意

——Uber、Airbnb也從這個概念發展而來（Idle Economy）

挖土機與i-mode的共通點

世界上第一條地下鐵，出現在十九世紀時的倫敦。一八六三年一月十日，從大都會鐵路的帕丁頓站到法靈頓街站，長約六公里，從此之後，全世界都開始建設地下鐵。事實上，這正是一種「有效利用閒置事物的概念」。

倫敦當時正值工業革命，城市裡建築密集，明明鐵路不敷使用，卻始終沒有足夠的空間建設。這時主事者注意到的，就是閒置的空間，也就是地下。雖然現在地下鐵已經成為普遍的大眾交通工具，對當時的倫敦人來說，卻是天外飛來一筆的突發奇想，報紙甚至以「簡直和說汽車會飛上天空一樣愚蠢，毫不符合常識的烏托邦幻想」來形容。

這種有效利用閒置物品的概念，乍看之下與前面提到的盡可能讓邊際利潤對固定成本的貢獻最大化很像，事實上卻有些不同。這個概念的出發點並非著眼於固定成本，而是將視野擴大，找出閒置的東西並加以有效利用。

實現高樓層建築的空中權、國家之間二氧化碳排放量的碳交易等，都屬於活用閒置事物的概念，以下將介紹幾個成功的例子。

．挖土機

從前的挖土機結構簡單，使用單手單腳就能操作。這也代表著另外一隻手和另外一隻腳是閒置的，為了有效利用這個閒置，挖土機經過不斷改良，最後完成供雙手操作的操縱桿，腳下配置可雙腳同時操縱的踏板，進化為可一邊操縱挖斗（裝運泥土的部分），一邊移動車體的挖土機。如此一來，就能同時進行複雜的動作，大大提高了生產力。

．NTT DOCOMO的i-mode

一九九九年面世的i-mode是在智慧型手機出現前，行動電話資料通訊服務上的劃時代發展──著眼於封包交換網路的形式，思考行動電話不只通話，還可以用來傳送資料的概念。這也是利用閒置的通訊網路而實現的創意，i-mode不只能收發信件，還可以瀏覽網頁，是世界上最早提供「以行動電話接續IP的服務」。此後，其他電信公司也追隨i-mode的腳步，日本獨特的用手機就能收發信件及上網的行動電話文化於焉誕生，堪稱今日智慧型手機的先驅。

這類創意或許看似單純，實際上卻不簡單，實現之後自然就像哥倫布的蛋，說穿了誰都會，然而，若是擺脫不了既有觀念，意識不到什麼是閒置的事物，也就不會有所發現。為了彌補視野的狹隘，退一步以三百六十度視角綜觀事物的努力絕對不可或缺。

Uber改變了世界

我將這個概念進一步擴大發展，最近都稱其為「閒置經濟」（Idle Economy）。

當然，我指的可不是唱歌跳舞的偶像（譯注：日語中「閒置」與「偶像」發音相同），是Idle不是Idol，也就是指機械等物件沒有在動、沒有在使用、空著不用等狀態的閒置。以餐飲業來說就是上門客人最少的時段，以工廠來說就是機械設備靜止不用的時段，這也稱為**閒置時段**，而這種待機狀態就是閒置狀態。

閒置的資產、多出來的容量、空下來的時間、暫時用不上的能力……這些剩餘事物在現代只會不斷增加。換句話說，到處都有因閒置而浪費的資源。

另一方面，由於網路的發達，要找到閒置的東西變得非常簡單。正因處於這樣的時代狀況與技術革新的背景下，任何業界都能找到因閒置而產生的巨大商機。

事實上，合租（Share house或Roomshare）、共乘（Car sharing）等詞彙早已成為日常用語。「我們Share～吧」也成為年輕人之間的共通語言，從中誕生的經濟用語便是**共享經濟**（Sharing economy）。共享的概念是與他人共用自己持有的東西。我所說的閒置經濟，則是未持有東西的人透過網路找到閒置的東西並加以利用。比起單純的共享，更重要的是對於以網路相連的人來說是否具有魅力。這幾年來，閒置經濟——有效利用閒置事物的思考方式，已經逐漸滲透我們的日常生活。

一起看看有什麼具體的動向吧。

在世界各地對計程車業下戰帖的Uber便是其中之一。這是一種使用智慧型手機應用程式叫車派車的服務。

Uber是一家二〇〇九年設立於美國的公司。提供的服務很簡單，只要使用智慧型手機上的Uber專屬應用程式，就能叫來自己附近的計程車。

只不過，叫來的並非隸屬Uber的計程車，而是與該公司簽訂合約的個人計程車司機或一般駕駛人開的家用車。利用智慧型手機的GPS定位，司機們就能找到附近叫車的人。因為這是一款世界共通的應用程式，只要事先用自己國家的語言指定想前往的目的地，再用預先登錄的信用卡資料自動付款即可，不需要直接向司機支付車資。即使在語言不通的國外，乘客也不用擔心被敲竹槓，可以放心使用這項服務。

不只如此，在應用程式中輸入目的地後，畫面上會顯示司機抵達的時間與預估車資。車資和服務種類也有市場區隔，假設在美國波士頓搭乘五公里左右車程，選擇高級轎車服務的Uber Black車資約二十五美元；一樣的車程搭乘普通計程車的車資是十五到二十美元，選擇一般駕駛人以家用車提供服務的UberX（共乘）則只需七到十美元，差異一目了然。對司機而言，因為不用在車上現金交易，較不需擔心遇到強盜，無論對乘客或司機來說都好處多多。

結果Uber使用者急速增加，包括日本在內，全世界已有六十八個國家共約三百六十個都市可搭乘Uber，登錄司機人數也超過一百萬人。Uber的興起對計程車公司與司機形成嚴重打擊，世界各地不斷出現要求停止服務的抗議行動。

然而，仔細想想，Uber的概念很簡單，只有為閒置的車（司機）與乘客牽線這一點而已。

到處都有「利用閒置」的商機

另外一個例子，是世界最大規模的住房預約網站Airbnb。

Airbnb是二〇〇八年時成立於美國舊金山的公司，其最大特徵是透過網路仲介，將屬於個人的房屋、公寓、空房間甚至是獨棟房屋，出租給需要住宿的人。換句話說，這是個「民宿平台」。

Airbnb在日本的服務始於二〇一三年，如今已有來自全世界超過一百九十個國家、超過三萬四千個都市、超過兩百萬筆登記物件。光是日本國內的登記物件數也已超過一萬六千筆。

Airbnb公司本身未持有任何建築房產，造訪這個網站的住宿者只是有效利用了旅館閒置的房間、無人使用的別墅、因轉調到外縣市而空著無人居住的公寓、因為孩子長大獨立而多出來的空房間……等閒置空間。

特別是歐美國家的旅人，通常具有喜歡與當地人交流及體驗當地生活的傾向，比起一般飯店旅館，反而更喜歡住**民宿**。對於想節省住宿費用或長期滯留的人來說，也很值得一試。住宿者有義務提供真實姓名與電子郵件信箱等確認身分的資料，對提供住宿空間的人來說風險相對較少。

如果用房間數來計算目前已登錄在Airbnb上的住宿空間，光是房間數就已不遜於美國的萬豪國際（跨國酒店管理公司）或希爾頓酒店（世界最大的連鎖酒店之一）房間數。雖然不是上市公司，推算Airbnb的企業價值已突破三兆日圓，超過萬豪或希爾頓的時價總額。

同時全世界都開始出現像Airbnb這種媒合場所或空間的服務。空地、停車場、樓頂、辦公室……能有效利用的閒置空間要多少有多少。

辦公室類的潛力股是WeWork這間公司。以紐約為據點，以轉租辦公室的方式提供辦公空間租給全國各地的創業人士——說穿了就是二房東。因為是二手轉租，所以租客不需要再給房東禮金和保證金，也可免除繁瑣的租屋手續。在網路上就能簡單完成申請。

租客以創業人士為主，WeWork提供他們共用工作空間（Coworking Space）。除了紐約，WeWork也在舊金山、奧斯丁、倫敦、特拉維夫、多倫多等超過三十多個地方持有辦公空間，至今已提供過兩萬三千位租客使用。價位從每月四十五美元到數千美元不等，此外另有三百五十美元的「無限制共同區域方案」可供選擇。若選用這種方案，只要還有空間**閒置**，即可在一個月內使用全世界所有WeWork的辦公空間，儼然就是世界各地都有你的辦公室，創業人士可一口氣在世界各地展開業務並對客戶告知。WeWork在創業短短五年後，急速成長為推算企業價值高達六千億日圓的公司。

不只空間，交通工具也是如此。除了前面介紹的計程車外，小艇、私家飛機、巴士、腳踏車……皆可以同樣方式運用。

出租服務一直都存在，可是無論是出租汽車還是出租腳踏車，公司提供給顧客承租的都是預先買下的資產，屬於固定成本。相較之下，在閒置經濟的浪潮中，狀況卻非如此。企業提供給顧客的並非旗下資產，而是找出別人閒置不用的東西或在某個時段中閒置的個人甚至企業，便宜又方便地提供給有需要的使用者，同時只要使用網路或手機上的應用程式，就能輕易媒合兩者。

這麼想來，日本其實還有許多閒置的事物。比方說，全日本約有一百個機場，將近三百個漁港，其中一整年的漁獲收益低於港灣維修費的漁港就超過兩百個。說起來，這些機場和漁港並未受到有效利用，思考該如何有效利用這些閒置場地，必定將有新的創意從中誕生。

出租「個人技術」

前述活用閒置房屋或汽車與盡可能讓邊際利潤對固定成本的貢獻最大化有

關，下面要舉的則是與固定成本完全無關的例子。

那就是以群眾外包方式提供工程師或創意工作者等人力服務的Upwork。這間公司二〇〇五年時以oDesk之名設立，一開始就標榜「網路上的職場」。

這裡提供的不是閒置空間或事物，而是個人技術。

以接案方式工作的個人工程師或創意工作者，可以在這個網站上登錄自己的資料，想發包工作的企業則直接在網站上發出需求。接著，在網站上看到適合自己工作的自由工作者們可毛遂自薦。企業透過電子郵件或通訊軟體面試，找到條件相符者即可將工作發包。交件後，發包者由Upwork居中仲介支付報酬給接案者，Upwork可收取相當於報酬百分之十左右的手續費，這也是Upwork的收入來源。

我曾使用過這個網站幾次，最大的好處就是便宜又方便。

舉例來說，在國外演講時，我需要將手上二十到三十頁PPT的日文資料翻譯成英文。同樣地工作如果委託給日本翻譯社，有時甚至得花上數十萬日圓。然而，透過Upwork發案，大概只要十分之一的價格就可搞定。就算是翻譯成他加祿語或馬來語等歐美以外的語言，也很快就能收到成果，大概不用花一個星期吧。工作結束後，發案方可對接案者做出評價，這些評價都會寫入接案者的個人檔案欄。得到的評價越高，接案者的工作就會增加，報酬也會提高，因為事關個人評價，接案者工作時也不容易偷工減料。

在美國，除了Upwork之外，還有創立於二〇〇七年，媒合過超過八十萬家企業與來自超過一百七十國的三百萬人以上自由接案者的Elance，以及擁有全世界約一千七百萬名登錄者的freelancer.com等，都是在群眾外包業界大顯身手的公司。

在日本也有公司持續經營這個領域，這間公司叫做Crowd Works，創辦人是我主持的創業者培育講座Attackers Business School的結業生吉田浩一郎。喜歡把「保護就業」掛在嘴上的日本政府應該要知道，現在這個時代，知識工作已可藉由閒置經濟輕易跨越國境，透過伺服器空間出口到全世界，或從最適合的地方輸入國內。

工業革命至今，勞力密集工業一直有著不斷跨越國境，往勞動成本更低廉的國家移動的傾向。例如紡織工業從英國移往美國，再移往日本，更進一步移往印尼或中國等地。過去這種移動一直被視為勞力密集工業（第二級產業）的宿命，正因如此，每個國家都在努力提昇各自的知識型產業。

然而現在就連知識型勞動者也開始跨越國境。不，應該說正因為是知識型勞動者，所以更輕易就能跨越國境。支持他們移動的，就是網際網路與Upwork這樣的閒置經濟企業。

「畢竟日語的障礙還是難以跨越，日本人終究無法將知識型工作委託給海外的人吧？」或許會有人這麼認為。然而根據我實際提出希望能將日語PTT資料翻成英語的委託經驗發現，多的是擅長日語的人主動爭取這些工作。比方說與調派海外的丈夫一同出國的日本太太，留學海外的日本學生等等。國外有許多這種目前沒有正職在身的**極端優秀人才**，我委託過不知為何住在亞美尼亞共和國的日本人，現在對方已經回到日本，持續從事同樣地工作。儘管我們從未見過面，他卻是值得信賴的**敝公司員工**。

群眾外包的時代

Uber等派車接送應用程式出現後，感到威脅的日本計程車業界也開始有人研究對策。舉例來說，計程車業者日本交通便開發出一款獨家派車應用程式，也已實際開始運用在服務上。日本交通集團旗下車輛以及共用該系統的其他公司計程車共約三千七百輛，由於日本交通計程車派車應用程式活用了GPS機能，使用它就能輕易叫到正好在附近的車輛。我通常透過應用程式指定黑色計程車，若是人在市中心，五分鐘內就能搭上車，還能從手機螢幕上看到車輛正朝我靠近的情形。

儘管如此，等到Uber正式進入日本時或許未必能夠與之抗衡，但是只要能提供魅力足以對抗閒置經濟的商品或服務，固有業者還是很有機會找到生路。為此，企業們必須從平常就養成不受業界習慣束縛，隨時注意如何有效利用閒置事物。

反過來說，就算只是中小企業，只要有好的創意，現在是個沒有什麼事辦不到的時代。因為資金和空間就不用說了，連優秀的人力都能從全世界找來。

前面已經介紹過，目前日本國內引領群眾外包服務的企業Crowd Works，已經在二〇一四年十二月於東京證券MOTHERS上櫃。工程師、網頁設計師、文案寫手、配音員、撰稿者、譯者……這間針對不同專業提供服務的群眾外包公司，已經有超過七十萬名登錄會員，仲介一百八十八種工作。透過他們發包的工作總金額已達三百八十億日圓（以上數字皆為二〇一五年十一月資料）。

該公司的經營型態中最具巧思的地方在於不採用**固定報酬制**，而是可採用以小時單位發包或接案的**時薪制**。這種做法，能夠將為了家事或育兒而埋沒於家庭中的人力，以小時為單位拉到就業市場上。

舉例來說，家庭主婦可以利用在家中哄睡嬰兒後的幾個小時接案。當然，發案方也可以用「我只有五萬日圓預算，有人願意承接這個預算的商品海報設計案嗎？」等形式反過來在網站上招標，再從前來投標的作品中選出最好的接案者發案，並支付五萬日圓報酬。

現代已經是個在各種領域都能使用閒置人力的群眾外包時代。

在此將上述內容整理為兩項重點。

1. **不受既定觀念束縛，以三百六十度視野找尋閒置的人事物。**
2. **有效利用沒在工作的、沒被使用的、閒置不用的事物，運用網路將使用者**

與服務連結起來。

對於有創新力的個人而言，閒置經濟時代或許正是求之不得的世界。只要有技術、有實力，即使不隸屬任何企業，也能獲得穩定的工作與收入。

商務人士也一樣。在這個時代，每個人都像自由工作者一樣，必須靠**技術實力**博得評價。這是個**個人工作者**盛行的時代，反過來說，也是個沒有技術實力就無法生存的時代。所有在公司工作的人都得抱持危機意識，因為自己的工作隨時都可能被外包取代。

8 中間位置的創意（Interpolation）

——拋棄「業界的標準」

新幹線品川車站的概念

東海道新幹線品川車站啟用（二〇〇三年十月）至今已超過十年，在車站使用者之間早已理所當然，然而啟用初期人們還是有些驚訝的。

在那之前，新幹線啟用新站的原因多半來自地方人士的請願，比方說誕生於一九八八的幾個東海道新幹線新車站——愛知縣安城市的三河安城車站（工程總費用約一百三十七億日圓）及靜岡縣富士市的新富士車站（工程總費用約一百三十三億日圓）都屬於「請願車站」。但是品川車站的興建則非出於地方人士的請願，總工程費用約九百五十億日圓由JR東海全額負擔。

從東京站到新橫濱站，搭乘新幹線的時間為十八分鐘。當初誰都料想不到，會在這短短十八分鐘的區間另闢新站。更何況從東京站到品川站搭山手線只要十二分鐘，從品川站到新橫濱站搭在來線只需要三十分鐘左右。

對我這種要搭東海道新幹線時會到東京車站搭乘的人來說，新幹線所有列車在品川停靠都對我沒有任何益處，可是對東京半數左右的人而言，有了品川車站後，交通將會變得十分方便。從此之後，京濱急行可以直通羽田機場，需要換乘飛機時也很輕鬆。

實際上，新幹線品川站落成後使用人數眾多，以東海道新幹線一天的平均乘客數來看，東京車站是九萬三千三百五十四人，新橫濱車站是三萬八百一十七人，相較之下，品川車站的三萬三千人甚至比新橫濱車站還多（以上皆為二〇一三年統計數字）。就連京都車站都只有三萬四千四百九十人，品川車站的三萬三千人可說是非常優秀的數字。隨著新幹線品川車站的啟用，JR東海也著手進行品川車站周圍的再開發事業，當初興建車站花費的九百五十億日圓恐怕早已充分回收。當然，為了與JR東日本抗衡，JR東海想在東京擁有**自己的車站**或許也是目的之一，為的是將來以品川作為中央新幹線在東京的車站。

東京車站與新橫濱車站之間興建了一個新車站。最初的靈感正來自本章主題中間位置的概念（Interpolation，又譯作內插法）。以這個概念推動的還有其他新車站構想，其中最重大的一項，應該就是興建山手線第三十個車站的構想吧。二〇一四年六月，JR東日本已正式宣布將使用品川車輛基地十三公頃的土地，在田町車站與品川車站之興建一個山手線新車站的計畫。

中間位置的概念顧名思義，就是在同性質的東西中間創造一個新的中間點。假設現在眼前有A與B兩個選項，但是都行不通，那就在AB之間另闢一條活路，就是這樣的概念。

以下再舉一個關於噴射客機的例子。

噴射客機從一九五〇年代開始開發並用來代替螺旋槳客機。創始期的代表機種就是波音707（一九五七年首航）。它的速度是過去螺旋槳客機的兩倍，載客量也是兩倍，在當時是劃時代的新型客機，左右雙翼各有兩具噴射引擎，總共裝載了四具噴射引擎。波音707的競爭對手是道格拉斯DC-8（一九五八年首航）和CV880（一九五九年首航），都和波音707一樣，是裝有四具引擎的噴射客機。

在噴射客機出現前，航空公司使用的都是螺旋槳客機。螺旋槳客機左右主翼分別裝載一具或兩具螺旋槳。為了提高動力，只能增加引擎。例如全長九十七點五公尺的世界最大飛機休斯H-4大力神（一九四七年首航），便是左右主翼各裝載四具，總計八具螺旋槳引擎的飛機。

如上所述，客機的引擎不是兩具、四具就是八具，偶數引擎是過去客機引擎的常識。考慮到左右平衡，這似乎是理所當然的事，後來的噴射客機在設計引擎數量時也不脫這個常識。

然而，一九六四年開始飛行的波音727震驚了全世界，因為它的引擎竟然只有三具。不是二也不是四，就是三，把第三具引擎裝在機尾了。現在想想，引擎裝在機尾也不奇怪，幾乎不會對此感到有疑問，當時卻並非如此。畢竟以當時的常識來說，引擎數量就應該是偶數。波音727從二和四中取了中間值，跌破了整個航空業的眼鏡。

後來，競爭對手們例如道格拉斯DC-10（一九七〇年首航）、洛克希德L-1011（一九七〇年首航）都紛紛跟進採用三具引擎的設計。雖然這不是唯一的原因，但世界第一架三引擎飛機波音727確實在日後成為全球最暢銷的客機。該機型一直生產至一九八四年，總生產機數高達一千八百三十二架，在被波音737超越前，始終是世界上製造數量最多的噴射客機。

產生Gala湯澤車站的想法

在東京車站與新橫濱車站之間。在二與四之間。

品川車站的興建和波音727一樣來自中間位置的概念。換句話說，就是在大範圍中找到甜蜜點。事實上，有許多甜蜜點並不位於兩頭，正是在中間位置。

希望大家不要誤會，在開會討論時，總有那種不管怎樣都要在兩方案之間做出折衷方案的人，那個只是折衷，和中間位置的概念完全不同，不但稱不上創意，單純只是放棄思考的妥協罷了。

中間位置的概念考驗的是能否找出同性質事物之間還有別的可能，將總是情不自禁往兩端望去的視線試著拉回正中央看看。這麼一來，或許就能像品川車站或波音727那樣，想出跌破世人眼鏡的嶄新創意，或創造出某種新的價值。

附帶一提，另一種思考方式叫做Extrapolation。

這一樣是數學的概念，也稱為外推法或外插法，是一種尋求區域外孤點位置的方法。簡單來說，就是試著去問「外側有什麼？」

ＪＲ東日本的Gala湯澤車站（一九九〇年啟用）就是一個很好的Extrapolation代表例。ＪＲ東日本從上越新幹線的越後湯澤車站拉出一條直通新幹線的支線，連結自家集團經營的Gala湯澤滑雪場。這個做法，正是在上越新幹線的外側增加一個新的點，這個點就是Gala湯澤車站。隨之而來的是創造出一個嶄新的價值觀與生活型態——不需要花太多成本就能在下班後直接從東京出發滑雪。當怎麼也想不出新點子而陷入膠著狀態時，不妨導入這樣的觀點，讓思緒往外側延伸。

按照業界習慣決定的規格沒有意義

回顧過去，我在麥肯錫時代為相機及底片製造商擔任經營顧問時，也曾運用中間位置的概念替客戶創造出暢銷商品。

負責與我接洽的客戶窗口總是喜歡把「我們公司的相機是世界第一」掛在嘴上。各位讀者讀到這裡，想必早已明白，消費者想要的未必是世界第一的相機；也可以說，技術人員眼中的世界第一，和消費者眼中的世界第一往往有很大的差異。

於是我先運用了戰略上的自由度，試圖釐清消費者對相機的明確需求。消費者的需求很清楚，也只有一點，那就是拍出好照片。然而當我問窗口「如何拍出好照片」時，卻得不到他的回答。這也難怪，過去他們一直只站在做出世界第一好相機的技術人員立場，從未站在消費者立場想怎麼樣才能拍出好照片。

因此，我前往研究室調查了**好照片**和**壞照片**的差異，調查的照片總數是一萬八千張。這聽起來或許不是一份簡單的工作，但因為我的目的很明確，只要人手充足，調查起來花不了太多時間。調查結果使我明白，手震是拍出壞照片的最大因素（在這裡就找出目標函數了），那麼為了防止手震，又該怎麼做才好呢？只要使用閃光燈確保充足的光源（縮短曝光時間）就能解決這個問題。

在這個想法下誕生的，就是內建閃光燈的相機。用現代的眼光看，這早已是相機理所當然的功能，當時的技術人員卻沒能察覺，關於這個案例的詳細內容，可參閱拙作《新裝版 企業參謀》。

一連串調查的結果，我又發現了另一件事——原來消費者使用底片的方式也有其特徵。

當時市面上的底片分成一捲十二張，二十張和三十六張。用十二張底片拍照的人，幾乎都拍不完整捲底片。只拍了兩到三張需要的照片就送去沖洗了，這種例子占壓倒性的多數。而一捲三十六張的底片，對一般消費者來說似乎太多，經常可看到洗出的照片從一半開始轉換季節的情形，最多消費者使用的是一捲二十張的底片，幾乎都能用完一整捲。

換句話說，一捲底片三十六張明顯太多，二十張又嫌太少。我對底片廠商提出疑問，既然三十六張太多，二十張又太少，為什麼不推出中間數字的張數呢？得到的回應令我非常驚訝，他們是這麼說的：

「因為一直都是這樣……」

沒有人回答得出一捲二十張的規格是怎麼訂出來的。在公司內展開調查，好不容易才找到熟知內情的老員工，依照那個人的說法，原來是「因為當初領導市場的柯達底片規格就是十二張、二十張和三十六張」。其中沒有任何道理可言，純粹是業界習慣罷了。

多了四張價格不變，哪種更划算……

十二的倍數是二十四、三十六……所以我取二十張和三十六張之間，建議廠商推出數字好記的二十四張底片。換句話說，我秉持了中間位置的概念對客戶做出「一捲二十四張底片」的提案。

從二十張改成二十四張，成本會提高多少呢。請他們計算之後發現，連一日圓也不會多。既然如此，即使增加了四張，用二十張的價錢販售也不會虧本。只要打著「用二十張底片的價格就能買到二十四張底片」的宣傳，一定會得到消費者的支持。於是，二十四張底片就在「多了四張價格不變。仔細想想～哪種更划算？」的文案下發售，成為暢銷商品。

把一捲二十張的底片改成二十四張，這個想法很單純，也不需要任何特別技術，需要的只是中間位置的概念；然而在那之前誰也沒想到要如此提案，這個提案與消費者的需求正好吻合，自然成為暢銷商品——這是一個靠概念與創意就能改變同一種商品銷售量的絕佳案例。

我們或多或少都會被既有觀念拖累。這就是為什麼人們從不懷疑底片張數為什麼是十二張、二十張和三十六張，又或者認定客機引擎不是兩具就是四具。這兩個例子都是業界根深蒂固的慣例，新的規格不容易擠進市場，從局外人的角度來看，也只會認為業界標準已經確立；然而，當業界標準太頑強時，其中往往存在某些「無人到過的處女地」。若是能從兩個極端之間找出甜蜜點，不用花費太多勞力，就能得到很大的回報。這就是中間位置的概念。

以下是本章的兩項重點。

1. **有A和B兩種方法時，可以藉由在中間另設一個位置，凸顯兩者的不同。**
2. **不是折衷，而是在大範圍中找到甜蜜點。**

越是定義死板的業界，我越建議把這當作一種機會，不如試著找尋有沒有中間位置。和在第一線商場上思考時一樣，若是想法僵化膠著了，不妨重新問自己「試試中間位置如何？」這麼一來，應該就能找到新的創意和靈感。

9

RTOCS／以他人的立場思考
（Real Time Online Case Study）

——用「如果你是○○的話」扭轉思考

阪神被阪急合併的原因

人的思考很容易受成見和習慣左右，據說「人類只使用了大腦的百分之十」，如果真的無法百分之百使用大腦，一定是因為大腦神經元已經養成了習慣。人類的大腦擁有超過一千億個用來處理資訊的神經元，不用就太浪費了。

我平常很重視刻意使用大腦不同部分，這是為了有意識地排除成見與習慣，也是為了促進思考。

為了達到這個目的，一種有效的手法是開頭也曾稍微提過的ＲＴＯＣＳ思考術。在我擔任校長的ＢＢＴ大學研究所中，每個星期都會進行即時的案例學習，換句話說，就是把自己當成現實中的某人，站在那個人的立場，發揮創造力思考。

訓練自己站在**他人的立場**思考是有原因的。自我其實是個非常麻煩的存在，人們往往過度相信自己最了解自己，事實卻是人們其實沒有想像中了解自己（或自己的公司）。因此，遇到關於自己的問題時，總是無法發揮創新的力量。

舉例來說，二〇〇五年村上世彰帶領的村上基金大肆收購阪神電氣鐵道的股票，成為該公司最大股東的事件也是如此。該年九月阪神股價急速攀升，阪神的經營高層卻認為那是「職棒阪神虎隊的成績良好帶動股價成長」，不但沒有著手調查股價升高的原因，也沒有採取任何對策。他們自以為對公司的狀況非常理解，不料九月底村上基金取得百分之二十六點六七的股票成為大股東，這時阪神高層才開始慌了手腳。到了隔年（二〇〇六年）五月，已經有百分之四十六點八二的股票落入對方手中，阪神高層無法祭出有效對策，就這樣被阪急控股併購。正因不理解自己，阪神輸掉了整個公司。

化身為「他人」的RTOCS思考術

接下來，試著具體接受RTOCS的訓練吧。

Q：如果你是世界最大規模住房預約網站Airbnb的日本法人代表，面臨即將到來的東京奧運，你會如何對應現有法規，如何帶領公司成長？

做為有效利用閒置事物的概念——閒置經濟——的例子，前面已經提過Airbnb，但是在日本，Airbnb還有很大的課題等著克服。根據二〇一五年十一月發表的資料，透過Airbnb訂房的訪日觀光客約為一年五十二萬五千人，比前一年多了五倍以上，兩萬一千筆的登錄房數也增加為前一年的將近四倍。問題是，制度卻還無法趕上這樣的實際狀況。

日本的民宿相關法規尚在制定中，個人將空房或空屋租借給旅遊者的行為，可能與現有旅館業法相牴觸。除此之外，報導也指出Airbnb對於衛生管理、防犯防災等各種緊急因應及管理責任歸屬等制度問題尚未落實。

日本將從二〇一六年一月起，於東京都大田區實施法規鬆綁的「國際戰略特區」，只要符合滯留期間超過七天，一間房間的地板面積超過二十五平方公尺，具備廚房、浴室、廁所和洗臉檯等設備等一定條件，即可獲認證為民宿。儘管二〇一六年四月起法規將更進一步放寬，但這並不代表決定全面解除對這項服務的限制。

運用RTOCS思考術時，重要的是必須像前面這樣正確掌握企業現狀與面臨課題的現在進行式。當自己在做案例學習時，一定要先實地調查業績數字和其變化，才能從中找出解決問題的突破點。

那麼在前述現狀下，如果你是Airbnb日本法人代表，會採用何種擴展事業的戰略呢？

如果是我，首先會考慮引進已取得旅館營業執照的民宿。很多民宿因為知名度低，原本就苦於吸引不了住客，只要能用比Expedia等其他旅遊網站更低的手續費引進這些民宿，不但可為住宿者增加許多選擇，也解決了旅館業法規的問題。

另一個戰略是引進東京近郊許多兩代同堂或三代同堂家庭的空房間。因為這些房屋原本就為了多代同堂而重新整修過，多半會設計多套分開的獨立玄關，廚房、浴室和廁所、洗臉檯等，最適合用來做為民宿使用。

不過日本人通常不習慣讓陌生人留宿家中，再加上語言不通的問題，或許可考慮代替出租者（房屋所有者）辦理預約手續與交收鑰匙，或是在不同地區設置官方代理，承包房間的管理及清掃工作，這些都是可以想得到的戰略。

如上所述，在思考與自己有關的事情難免腦袋僵化的人，有時在處理別人的事情時反而能夠發揮自由的想像力。RTOCS正是一種鍛鍊自由想像力的思考訓練術。

想像自己是滑雪場老闆

再思考一個例子吧。

Q：如果你是日本滑雪場開發公司的社長，面對滑雪人口減少的現況，會以何種對策因應呢？

日本滑雪場開發公司成功經營了白馬八方尾根滑雪場、白馬岩岳滑雪場、栂池高原滑雪場等七個滑雪場地，並於二〇一五年成功收購第八個滑雪場菅平高原滑雪場，是一個已在東京證券MOTHERS上櫃的企業，專門收購陷入經營困難的滑雪場，使其重獲新生。

然而根據日本生產性總部的調查，日本的滑雪暨滑雪板運動人口從一九九三年達到最高峰的一千八百六十萬人後，開始逐年減少，到了二〇一三年只剩下高峰期約四成的七百七十萬人。近年雖因訪日外國觀光客的增加而暫時出現止跌的傾向；基本上，在目前少子高齡化日趨嚴重的日本，滑雪暨滑雪板運動人口今後也不可能再大幅增加。

那麼在這樣的條件下，你會採取什麼策略？

我的想法如下。

分別興建以中國、台灣、韓國、馬來西亞、泰國等不同國家觀光客為目標的不同滑雪場；或者是採用上述做法改造現有滑雪場，藉以吸引外國觀光客。和該國旅行社或地產商合作，從言語、飲食、招牌、標誌到教練等一切設備、服務，甚至連滑雪場所在地的鄉鎮一併改造，成為「專為那個國家的觀光客打造的滑雪場」。以中國的例子來說，按照北京、香港、上海、廣州、大連等與直航日本飛機的大都市來分類也是一個辦法。

這麼做是有原因的。因為要每個滑雪場對應來自所有國家觀光客的語言和飲食是不可能的事。將所有訪日外國觀光客視為對象，試圖對應來自所有國家的客人時，反而會使目標失焦，結果可能無法滿足任何一個國家的客人。

最重要的是下面這一點——日本的滑雪場多半適合初學者。為來自亞洲新興國家的滑雪初學者打造一個「可享受本國氛圍」的滑雪城鎮，再點綴一些具有日本風格的溫泉及料理等元素，增添日本味。

二〇一八年韓國平昌，二〇二二年中國北京都將舉辦冬季奧運，今後韓國與中國肯定會掀起一波冬季運動的浪潮，如果能吸引那些國家的人到日本滑雪，日本的滑雪場將一口氣復活。

以RTOCS鍛鍊創意能力時，不要一個人悶著頭練習。可以的話，以四到五人為一個小組進行腦力激盪最好。「如果是你站在那個立場會怎麼想？如果是我的話會這麼做。」像這樣發表自己的意見，彼此切磋討論。

RTOCS——站在他人立場鍛鍊創意的訓練，是以增加思考彈性為目的，人數越多，越能增加不同的思考迴路，達成自由度更高的想像與創意。

在設問之時，揣摩的對象不一定是經營者，也可以是政治家、廣受矚目的人士等等。

以下是幾個例題。

- **如果你是富士底片的社長，繼化妝保養品之後，將帶領公司朝哪個新領域進化？**
- **如果你是京都市的市長，會如何保持京都世界最具魅力都市的寶座？**
- **如果你是旭化成的社長，在公司經過「公寓地樁施工偷工減料」的醜聞風暴後，將如何帶領公司洗刷惡名，促進事業正常化？**
- **如果你是辦公事務用品網購公司ASKUL的社長，下一步計畫會是什麼呢？**
- **如果你是在野第一大黨的黨主席，你將如何打倒執政黨，奪回執政權？**
- **如果有人邀請你擔任日本玩具反斗城的社長，你會做哪些調查後再決定是否接任這個位置？如果願意接受，條件是什麼？**

在新聞上看到話題公司或人物時，不要只是看過就算了，要自己著手調查對方面臨的現狀和課題，掌握正確資訊，站在對方的角度思考解決對策。針對一個案例，從著手調查到找出解決對策的時間大約以**一個星期**為準。用一整個星期的時間徹底站在他人立場思考。如此一來，將會刺激原本大腦沒有活動的區域，反覆這樣的練習，訓練出更具彈性的思考和創意。

站在高兩個層級的立場思考

應用RTOCS概念發展出來的，還有另外一種「提高思考層級」的方法。具體來說，假設你現在的職位是課長，那就提高兩個層級，站在部長的立場思考，如果已經是部長了，就站在社長的立場思考。

事實上，許多白領階級往往有個毛病，思考時總是被自己的職位束縛，因而陷入死胡同。

舉例來說，假設有個負責A商品的商品部長。

在競爭對手和銷售通路都非常強勢，難以動搖的狀態下，A商品的實際銷量不斷下降。除了另外設計一款創新商品投入市場之外，幾乎沒有別的辦法扳回商品部門的劣勢，問題是，眼前沒有足夠的成本可以這麼做。這種時候，如果你是部長會怎麼辦？

大多數的部長都會設定**曲棍球桿型**的事業計畫。換句話說，明知需要採取激進的行動大刀闊斧地改革，卻因為找不到方法，結果只能將「明天的狀況應該會比今天更好」的期待投射在事業計畫上。明明實際銷售成績已經很差了，卻只會畫著漂亮的大餅，將目標曲線設定為曲棍球桿般谷底重生的V字型。就算問這位部長設定這種目標的根據是什麼，想必他也無法做出邏輯合理的說明。因為那只不過是他個人的期待罷了。

或許有人認為，設定曲棍球桿型的目標本身並不是一件壞事。然而，通常這種強硬的計畫很容易被數字牽著鼻子走，生產線、庫存、工作人員全部都會跟著豁出去，要是業績沒有真的因此恢復，可能將造成難以收拾的結局。

大部分的情形是，陷入最後計畫結束時連一項預定都沒有達成，花費的成本依然不變，市場價格反而變低，賣量又減少的窘境。站在社長的角度，原本以為可行的計畫，結果卻是一場糊塗，一氣之下乾脆降了部長的職。

這裡的問題是，這位部長只懂得思考部長等級的事，眼中只看得見自己負責的部門。

然而試著提昇兩個層級，把自己拉到社長的位置來思考又會怎麼樣？

若是以董事的立場思考，或許會得出「把拖累公司的部門賣掉，藉此增加自己業績」的結論。然而若是站在經營者的立場思考，則不會輕易這麼做，因為還得考慮到被競爭對手收購的可能性，那麼做只會使工作經營更加困難。不過，當情況惡化到即使降低百分之三的成本也無法勝過競爭對手時，就算再觀望個幾年，就算業務部門拚死努力，恐怕也很難達到收支平衡點。這麼說來，這個部門確實無法繼續下去，但又不能賣掉。既然如此，只能解散部門了——這是最後導出的嚴肅判斷。

換句話說，這位部長站在社長的立場審視事態後，只能將這個結論傳達給真正的社長：

「只剩下解散部門這條路。但是，這是經營判斷的問題，以我的層級無法做決定，請問社長您的意思如何。」

如果當初提出曲棍球桿型的事業計畫，計畫失敗時只會受到社長責備；然而像這樣站在社長的立場提出判斷，事態就變成社長也不得不思考的問題。如此一來，或許能讓社長反過來做出「業務團隊很優秀，我決定把另外一種B商品交給你們銷售」的提案。

要求員工「再痛苦也要加油」的糟糕社長

所有上班族在面對平常的工作時，都該養成提高兩個層級思考的習慣。為什麼這麼說呢？因為不同層級的想法，得出的答案也不一樣。如果只會站在自己的層級思考，不管想得再多，得出的答案也不會有太大改變。

為什麼是提高兩個層級呢？若是只提高一個層級，等於站在自己直屬上司的立場思考，無論如何還是會讓思考變遲鈍。

有時不妨試著把透過這樣鍛鍊思考想到的點子拿去跟上司討論，試探他對這類想法能包容到什麼程度。

保持站在比自己高兩個層級的立場思考的態度，可以加深上班族的思考，等到自己真的成為領導者時，將會派上很大的用場。

事實上，有不少日本經營者的問題是，明明思維還停留在主管等級，卻已經爬上了社長的位置。在當主管時或許剛好遇上景氣的時代，率領部門替公司賺了很多錢，因而被推上社長的位置。這樣的例子很多。這類社長多半沒有受過提高思考層級的訓練，老是沉浸在往日的成功經驗中。即使當上社長，還是只有部長程度的思考。

因此這類社長很容易做出「午休時全公司都要關燈」、「利用紙張反面空白重複影印」等瑣碎的節省成本指示，卻做不出因應今後方向的大格局指示。

我認識的某位社長，在對員工訓話時一定會用划船來譬喻。

「重要的是划船的原理。一艘船上有八個人，八個人一定要同心協力，船才會前進。大家都很累很辛苦，即使如此，還是要拚到最後一次划槳，持續往前進。雖然大家都很辛苦，正因為很辛苦，所以一定要同心協力划到最後一刻。」

大概類似這樣的談話內容。不過所謂「雖然很辛苦可是要加油」並不是目標也不是思想。一旦失去了方向，再怎麼努力，只會朝錯誤的方向前進得更快，落得撞上懸崖的下場。在許多業界中，目前更需要的是一個懂得判斷正確方向的舵手。

如果你公司的社長也屬於「只會要員工加油」的類型，那你有兩個選擇。不是立刻寫辭呈，就是忍耐到自己當上社長。堅忍不拔地當上社長之後，請千萬不要成為只會說「再痛苦也要加油」的社長。

GE前執行長是傑克．威爾許，人稱「傳說中的經營者」，在他的指定下，於二〇〇一年繼任GE集團執行長位置的是傑夫．伊梅特（Jeff Immelt）。威爾許擔任執行長約二十年，其間將公司營業額增加為五倍，接任他的職位想必非常不容易。然而伊梅特上任後，竟然又在五年內增加了百分之六十的營利。現在的GE擁有全世界一百七十五個國家約三十萬名員工，以及一千四百八十六億美元（約相當於十八兆日圓）的傲人營業額（二〇一四年實績）。

伊梅特致力於培養能適應全球化的人才，不問國籍地僱用了來自東歐、俄羅斯、印度等國家的優秀人才。這不是按部就班苦上來的社長會有的想法，他應該從年輕時就已養成站在更高層級思考的習慣了。

日產復活的背後功臣

在日本，如果要舉出一個與傑夫．伊梅特相同類型的人物，那就是已故的日產汽車前會長——塙義一。

塙義一還是課長時就是廣受矚目的人物，人人都認為他將來一定會當上社長。事實上，他正是一個從年輕時就能站在更高層級思考的人。塙義一在一九九六年當上董事長兼社長，當時日產汽車正陷入有息負債高達兩兆日圓的危機之中。不只如此，當時日本的會計法規剛好面臨轉變，經銷商成為業績合併對象。如此一來，當初硬塞給經銷商卻賣不出去的車——滯銷庫存車輛全部變成總公司的庫存，財務狀況一口氣惡化，合作夥伴戴姆勒也對日產見死不救。

塙義一在絕境中思考，判斷日產如果不採取激烈的改革手段，一定無法重振；然而公司的包袱太多，就算著手自己想做的改革，反抗勢力也會從中作梗。於是，他親自前往雷諾汽車，禮聘曾一手重建米其林輪胎公司的卡洛斯．戈恩（Carlos Ghosn），抱定在社內引起摩擦衝突的覺悟，刻意導入異文化，就是為了執行復興日產的重大改革。

日產的經銷商、子公司、相關企業、零件公司等等，都有大量原隸屬日產的退休董事空降，將既得利益牢牢抓在手中，堝氏也知道這是個問題，以他的立場卻又無法出手肅清。為了解決這個問題，他讓自己退居董事會長兼社長兼執行長，而請戈恩出任營運長（COO）。眾所周知，戈恩採取大膽的削減成本策略，執行「日產復興計畫」，接二連三祭出不受日本企業惡習束縛的策略，在上任四年後的二〇〇三年還清了約兩兆日圓的有息負債。

媒體多半對戈恩的功勳歌功頌德，我卻認為不只如此。堝義一的存在更是重要。

古時，武藏坊弁慶在衣川之戰中與眾多敵人對峙，為了守護主子源義經，站在大堂入口揮刀抗敵，如雨般的箭矢紛紛落在他的身上，就這樣站著死去。這段「立往生」的故事傳頌後世，家喻戶曉。堝義一就像弁慶，用全身擋住反對勢力的箭雨，為戈恩保全了一個容易推動工作的環境。正因堝義一從課長時代便習於站在更高層級的立場思考，當他站上最高經營者的位置時，才能清楚看出自己真正應該做的事——將改革工作交給戈恩果斷執行。這也是為什麼他能做出把雷諾拖下水的「更高層級思考」，更不惜犧牲自己扮演弁慶的角色。日產復興的背後，是塙氏從課長時代便秉持的提高思考層級精神發揮了力量。

站在他人立場與提高職位層級，都是要站在現在自己不在的位置上思考。希望各位一邊留意以下三點，一邊擴展自己的思考。

1. 徹底站在他人立場思考，如此一來，思考迴路才會產生戲劇性的轉變。

2. RTOCS鍛鍊創意能力時，四到五人一起腦力激盪，能擁有更自由開闊的想像力。

3. 走投無路、腸枯思竭的時候，請提高層級思考。

在這個時代，收集資訊很容易，可是徒有滿手資訊卻不懂得運用卻是暴殄天物，必須從資訊中導出結論才行。

另一方面，在進行RTOCS思考時必須注意的是，絕對不能在毫不收集任何資訊的情形下想像「如果我是○○……」。如果不能正確掌握對方的現狀與面臨的課題，那只不過是單純的感想或夢想罷了。從頭到尾也只做得出「我討厭○○的做法」之類低層次的言論。分析收集來的資訊與事實，站在對方的立場設想解決之道，這才是最重要的事。

10 這一切有何意義？
——永續經營來自飛躍式的創意
（What does this all mean?）

跳起來看「整座森林」

「What does this all mean?」

和海外企業的最高經營者談話時，他們經常在最後問這個問題。他們的問題是：「簡單來說，您想表達的是什麼？」「剛才說的這一切有何意義？」

思考事物時，如果眼前有A、B兩個事實，我們很容易把目光各別放在A、B兩個不同的個體上，結果看不到整體。

針對事物做出結論的方式不外乎兩種，一種是「演繹法」，一種是「歸納法」。運用演繹法時，首先會有一個大前提，從這裡出發，層層做出推論。比方說：水果是甜的，草莓是水果，所以草莓是甜的——這就是用演繹法推論出的結論。另一方面，歸納法則是先調查各別資料，綜合各別資料導出結論。比方說：草莓是甜的、西瓜是甜的、香蕉是甜的、葡萄是甜的，所以水果是甜的——這就是歸納法的邏輯。

想提出創意點子時，很難運用必須先確立大前提的演繹法。舉例來說，想改善企業，首要之務是正確掌握企業的現狀與課題，收集各別事實後，綜合各別事實導出最終結論。換句話說，就是運用歸納法進行推論。

然而，這裡有個很大的陷阱。A＋B＋C＋D＋……這樣一路加上去，最後往往只是做出整合了以上課題的結論，但這不過是列舉出事實的單純報告罷了。創新的最大目標，應該是要推出新的創意與點子。光是把已經知道的事實排列出來，從中看不到任何結論。

這種時候。重要的便是再次問自己一句「What does this all mean?」（這一切意味著什麼？）

這就是思考的跳躍。以A＋B＋C＋D＋……的方式收集事實與資料後，要再往上飛躍起來看大局。從只看得見A或B這些「樹」的視角，再往上跳躍，綜觀整座森林。

在這個資訊氾濫的社會，收集資料變得簡單許多，擅長收集資料的人也增加了不少；然而很多人也容易被滿滿的資料掩埋，光是為了整理就費盡力氣——可是整理並不等於創意。

A、B、C、D……當這些論點都浮現後，就丟出「What does this all mean?」的問題，從一個更高的次元掌握這些論點的整體樣貌，找出「這一切的意義是X」的結論，這才稱得上是具有創新力的創意。

少子化時代的商機是什麼

試著思考下面這個具體問題吧。

Q：在少子化造成市場縮減的情況下，有望拓展那些商機？

少子化的問題已困擾日本多年，我也曾不斷倡言，如果認真想重振日本經濟，一定要從根本上採行少子化對策，打造一個讓國民願意安心生養後代的社會才行，可惜直到現在政府依然沒有推出任何有效的政策。

安倍內閣於二〇一五年三月召開內閣會議決定，將至二〇二〇年為止的五年視為少子化對策集中期。然而安倍內閣到最後只做了一件事，做為安倍經濟學「新三支箭」中的第二支，高舉「實現一・八希望出生率（結婚並希望有小孩的人實現了這個期望時的出生率）」的大旗，如此而已。這不是什麼政策，單純只是口號（名符其實的希望）。

日本人的總和生育率是一・四二（根據二〇一四年「人口動態統計」），這個數字在OECD（經濟合作暨發展組織）的三十四國中敬陪末座，顯見日本正進入劇烈的少子化。只要目前社會狀況沒有改變，幾乎可以準確預見三十到四十年後勞動人口大幅縮減，經濟縮小，國家破產，惡性通貨膨脹的風險也很高。

如果政府真的有心解決少子化問題，就必須像法國或瑞典那樣廢除對非婚生子在法律上的歧視，這些國家早已承認普通法婚姻（譯註：Common-law marriage，也稱為普通法伴侶關係。在施行普通法的司法管轄區，即使未經合法婚姻登記，只要以夫妻名義同居生活一定期間且公開關係，兩人之間仍自然形成法律關係）。

另一方面，日本未滿二十五歲者奉子成婚的比例已攀升至百分之五十，所有已結婚的夫妻中，約有兩成屬於奉子成婚（根據二〇一〇年／國立社會保障・人口問題研究所〈第十四回出生動向基本調查〉）。然而實際上，當一對情侶未婚懷孕時，只有奉子成婚和被迫墮胎兩種選擇，在不承認普通法婚姻的日本社會，選擇墮胎的案例相當多，就算女方選擇生下孩子成為單親媽媽，要在現行社會制度中生存也困難重重。

法國為了恢復新生兒出生率，家庭福利的支出預算超過GDP的百分之三（相較之下，日本約為百分之一）。以法國的現狀來說，只要一個家庭中孩子的數量增加得越多，育兒津貼的給付金額就越大，同時還可減免所得稅，多生孩子對家計肯定有正面幫助。如果不做到這種地步，出生率是不會恢復的。

日本的市場隨著少子化現象而不斷縮小，將來前途黯淡，要如何在這樣的市場中挖掘出商機呢？

首先，試著將**現象**列出來看看。

【現象】

- **幼年人口（零到十四歲）的減少（一千六百三十九萬人／根據二〇一三年十月「人口推算」）。**
- **生產年齡人口（十五到六十四歲）的大幅縮減（睽違三十二年再次低於八千萬人／資料來源同上）**
- **兒童商品市場的縮小。**

光看以上資料無法歸結出任何商品或商機，因此下一步是拿「少子化社會中業績看漲的市場」做比較。最容易想到的就是寵物商品市場，畢竟現在就連公園裡，帶寵物散步的情侶看來也已經比帶小孩出門的夫妻更多了。底下就試著列出與寵物相關的現象來看看。

【現象】

・目前國內寵物飼養數量為狗一千三十四萬六千隻，貓九百九十五萬九千隻（根據寵物食物協會〈二〇一四年全國犬貓飼育實態調查〉）。

・寵物大多養在室內（「完全養在室內」與「除了遛狗、外出之外都養在室內」的比例約為：狗八〇・五％，貓八五・八％，且逐年增加／資料來源同上）。

・寵物用品市場的成長（二〇一四年度寵物相關總市場規模與前年度相比為：一〇〇・九％，總額為：一兆四千四百十二億日圓／根據矢野經濟研究所〈寵物商務相關調查結果二〇一四〉）。

把現象全部列出來後，開始思考這究竟代表什麼。

相對於一千六百三十九萬人的幼年人口（零到十四歲），犬貓的飼養總數約為兩千三十萬隻，換句話說，犬貓飼養總數比幼年人口總數還要多。總而言之，從這項事實中可以導出什麼結論？

【總而言之結論是？】

- **兒童商品市場的前途黯淡。**
- **寵物商品市場的前途光明。**

到這裡應該沒有人不清楚了吧。此時再提出疑問「What does this all mean?」，思考上述這一切有何意義，讓思考飛躍起來。

【有何意義】

- **核心家庭的單位已從「雙親加兩個孩子的四人小家庭」，轉變為「雙親加一個孩子及寵物的小家庭」。**
- **視寵物為「家中成員之一」的商品與服務將帶來商機。**

【結論】

- **未來的商機將從「兒童商品市場」轉移到「把寵物當成孩子的商品市場」。**

寵物相關商品的市場總規模早已在二〇一四年時突破一兆日圓，今後想必還會繼續擴大。不光只是寵物商品，而是「將寵物視為小孩（家人）的商品」成長指日可待，隨之而來的，便是以下商品或服務市場的擴大。

- **可帶寵物同行的餐廳、飯店、旅館。**
- **寵物專用營養補充品。**
- **可和寵物一起蓋的棉被。**
- **可和寵物葬在同一處的墓園、寵物葬禮與儀式。**
- **寵物醫療用斷層掃描。**
- **寵物緊急醫療服務。**
- **寵物專用健身房、專屬健身教練。**
- **飼主外出時的寵物旅館、寵物保母。**
- **使用網路攝影機等提供看顧寵物的服務。**

再介紹一項事實，根據美國寵物用品協會（APPA）的推估，美國國內於二〇一五年時，寵物商品市場規模可望達到六百零六億美元。美國飼養寵物的家庭占總家庭數的六五%，約為七千九百七十萬戶，形成一個巨大的市場。日本的市場與服務向來追隨美國腳步，如此想來，日本的寵物商品市場今後肯定也會越來越興盛。

事實上，我所舉出的「從孩子轉移到寵物產業」的想法，在距今十年前的二〇〇六年時已發表過基礎概念。儘管有些預測如今已經實現，這個概念仍屬於飛躍式的創意，還沒有過時。甚至可以說，是時代終於追上了這個創意。

問「What does this all mean?」的好處就在這裡，只要想像力向上飛躍，就很可能從裡面找到歷久彌新的創意。

想擁有「賺錢的農業」就要有「飛躍式的創意」

接下來，請大家以因TPP而動搖的日本農業為例，展開思考。

Q：加入TPP後，日本的農業能成為「成長產業」嗎？

首先，將事實整理出來。

根據先前的TPP協議，日本包括農產品與工業產品在內總計九千零一十八項中的九五％，也就是八千五百七十五項必須廢除關稅。其中，農產品包括日本視為重要五項目的米、小麥、牛豬肉、乳製品、砂糖在內，總計兩千三百二十八項中的八一％，也就是一千八百八十五項必須廢除關稅。為了保留目前稻米一公斤三百四十一日圓的高關稅，日本必須付出的代價是新設從美國與澳洲輸入的無關稅稻米額度，每年無關稅進口五萬六千公噸（第十三年後增至七萬八千四百公噸）。牛肉關稅從目前的三八・五％降至二七・五％，第十六年後降為九％，豬肉的高價品關稅四・三％必須於第十年廢除，香腸熱狗等低價品原本一公斤四百八十二日圓的關稅也必須於第十年降為五十日圓。

這份協議內容發表後，引起日本農家的反彈聲浪，便宜的進口商品增加後，對國內農業確實會造成打擊。以農村選區的議員為中心，執政黨內部也不斷出現反對聲音。

如果此時受到「日本農家面臨危機！」的感情影響，就看不到整體大局。事實上，日本的農業並不是第一次遇到危機，在一九九〇年代就曾有ＧＡＴＴ（關稅暨貿易總協定）烏拉圭回合談判，導致日本稻米市場被迫開放。日本為了維持七七八％的稻米關稅，每年必須遵守無關稅進口一定數量外國米的義務，關稅更必須每年下降一〇〇％，直到減為零為止。然而，實際上稻米關稅完全沒有下降，進口的外國米該如何有效利用，也遲遲沒有決定。

當時的自民黨政權為陷入危機的農家做了什麼呢？只有撒錢而已。做為烏拉圭回合談判的對策，政府編列二十年間四十二兆日圓的預算，投入農業基礎整頓事業，後來日本的農業生產力和國際競爭力就因此提高了嗎？答案也是否定的。事實上，國際競爭力反而年年衰退。

在全世界，稻米這種農產品已經完全商品化，以噸為交易單位，一公斤的產地價格只相當於四十日圓左右。另一方面，日本生產的稻米價格卻差不多是這個數字的五倍。換句話說，日本的稻米只是勉強待在高額關稅的保護傘下罷了。日本的農業不是瀕臨危機，而是早已崩壞。

明知事態如此，日本仍如此偏重稻米的原因與**糧食自給率**有關。稻米屬於自給率百分之百的作物，因為有稻米，才勉強能維持住整體約四成的糧食自給率。也就是說，種植稻米與日本的糧食自給政策可以劃上等號。

然而，一旦以糧食自給率為中心思考，將無法養成因應全球化社會的競爭力。所謂的全球化經濟，就是在最適合生產的地方生產，拿到最適合販賣的地方販賣。

這麼一想，稻米也應該在最適合生產的地方生產，需要的糧食只要進口就可以了。農林水產省向來主張危急時的「糧食安全保障」，可是若問「什麼時候才是危急時」，農林水產省官員和自民黨政治家的答案竟是「日本和全世界為敵時」。這種想法充滿矛盾，最大的問題是當他們口中的危急時真的來臨，對國家而言最不可或缺的根本不是稻米，而是石油。農業再怎麼需要保護，如果沒有石油，連耕耘機和拖拉機都無法發動了。因此，光看糧食自給率的問題根本沒有意義。

這時就要問「What does this all mean?」，從A、B、C等已知現象中飛躍思考，朝X的方向發揮創意。

既然日本的農業已經崩壞，維持糧食自給率也沒有意義，接下來只能反守為攻，轉型為積極出擊的農業。換句話說，就是從稻米轉向高附加價值農產品。例如在國外很受歡迎的和牛、草莓、蘋果、水蜜桃、櫻桃、柑橘類等等。如果仍想留下稻米，只能留下部分具有高附加價值的類型，也就是品牌米。

這麼做的時候，最重要的是日本全國不能齊頭並進。JA的問題也就在這裡。正因企圖齊頭並進，所以才會發展不起來。政府應該將資本和技術集中投入特定區域，整頓體制，幫助農民脫胎換骨，從農民變身為農場經營者。

如果思考無法飛躍，眼中只看得見個別現象，想法將永遠脫離不了過去政策的延長線，依然只祭得出「農業輔助金」或導入低價進口商品等「所得補償制度」。然而，過去自民黨的家傳絕活「貿易自由化＝編列預算撒錢」絕對無法復興日本農業，這是早已毋庸置疑的事，現在的日本農業最需要的正是問自己「What does this all mean?」

「與其田園調布不如木場」的概念

再舉一個例子吧。

這是回歸都心的問題。在日本，一九七〇年代之後，都會區的人口逐漸流出。這種外流狀況一直持續到九〇年代前半，九〇年到九四年的人口，相較於八五年到八九年減少了二・四％。不過，九〇年代後半人口開始回歸都心，九〇年代後半，都會區人口增加了二・一％，到了二〇〇〇年後半更增加至五・四％。

我曾去參觀埼玉縣狹山市開拓丘陵後興建的新興住宅，當時郊區人口已開始減少。

這時如果思考「簡單來說這代表什麼？」就會看見問題在於住在郊區的人得花上單程一小時半的通勤時間，才能到都心上班。工作量越來越大，責任越來越重，若單程還得花上一小時半通車，這樣的生活只會讓工作效率變差，身體也無法獲得充分的休息。因此，一般還是認為通勤時間最好控制在四十分鐘以內。

如果是在鐵路公司工作的人，或許會產生「打造一個新的特急電車停靠車，讓住在那裡的人可以在四十分鐘內通勤」的創意，和營造商攜手合作，找尋適當地點發展出一個新的車站預定地。比起離東京距離雖近，卻只有各站停車的電車會停的小站，距離稍微遠卻有特急電車停靠，能將通勤時間控制在四十分鐘內的車站，肯定比較受歡迎。

攤開地圖看看，找出「搭電車二十分鐘內可到都心」與「四十分鐘可到都心」的車站，一一統計各站的地價。如此環顧整個東京，會發現目前田園調布（大田區）等西側地帶的地價較高。然而，用通勤的觀點來看田園調布這個高級住宅區，會發現光是搭電車到大手町就得花超過三十分鐘。儘管仍在「四十分鐘通勤圈內」，其實沒有想像中的近。或許也可以說，現在這一區的地價與實際價值相比，可能偏高了些。

相反地，如果是從木場（江東區）到大手町，搭乘東西線只要花費不到十分鐘，還不用換車。可是，比較公告地價（二〇一五年）後發現，與田園調布（三丁目附近）的一平方公尺九十四萬七千日圓相比，木場（三丁目附近）只要四十五萬四千日圓，不到前者的一半。這麼一想就知道，現在田園調布的高地價只是來自高級住宅區的形象，考慮到將來的發展，木場才是應該注意的目標。就像這樣，先收集各資料，再從中飛躍思考，得出的結論便是「好，今後就鎖定木場了！」——這就是「What does this all mean?」的思考方式。

透過「What does this all mean?」的提問，讓思考飛躍時，有三個重點必須注意。

1. **當A、B、C……等論點全都浮上檯面後，即可丟出「What does this all mean?」（這一切有何意義？）的問題。**
2. **問了這個問題後，從A、B、C……等個別現象中找出其代表的意義X。**
3. **不是將A、B、C……等個別現象加起來等於X，而是讓思考飛躍，俯瞰個別現象，從中找出答案。**

如果已經和許多人討論過，卻仍想不出好點子時，請務必試試這個方法。

11 構想力（Kousou）

——你看得見什麼？

看著風化的港灣能想像出什麼

第十一種思考術是「構想」（Kousou，為構想的日文發音），也可以說是比concept更高一層的概念。簡單來說，就是「你看得見什麼？」

用簡單的數式表示如下：構想＞概念／願景＞戰略＞事業計畫。

再說明得詳細一點，構想的定義是：基於想像及靈感，看見看不見的東西的力量。亦即在自己腦中描繪出能連結實體經濟、無國界經濟、數位經濟與倍數經濟等四個經濟空間的事業藍圖。

不過必須注意的是，構想只是「在自己腦中描繪的藍圖」，因此光用口頭說明很難使人理解。說明時不妨配合圖像或ＣＧ等技巧。畢竟說明的是眼睛看不到的東西，視覺化也就特別重要。藉由**可視化**的技巧，讓看不見的東西有了形象，並且將這個形象逐漸傳播到人們心中。構想傳播給他人後才會成為概念或願景，最後才能發展為戰略及事業。

另一方面，概念和願景則不等同於思考構想，充其量只是表達構想。所謂的願景，就是能打動員工與利害關係者的共通策略框架，也可以說是最高經營者為了說明腦中的構想而使用的工具。

至於戰略及事業計畫，則是落實概念與願景的具體計畫。例如：循某個概念成立一個新的事業部。

換句話說，想要大幅改變事業時，最重要也最優先必備的是描繪構想的力量。

舉一個例子來說明吧。

如果你眼前有一片風景，會畫成什麼樣的一幅畫？

地點是倫敦金融中心西堤區的東部，沿著蛇行的泰晤士河北岸，一處如舌狀突出的場所。其名為碼頭區，正如其名所示，在過去與大西洋的加那利群島交易往來興盛時，這裡曾是船塢群立的地區。十九世紀以後，船塢及倉庫林立，倫敦也因此躋身為世界第一的港灣都市。為了找尋工作，許多人慕名前來，這裡成為港灣勞動者的城市。

然而第二次世界大戰時，德軍空襲倫敦時對碼頭區集中火力，造成毀滅性的損害。即使如此，水運依然是經濟不可或缺的命脈。一九五〇年代碼頭區重建，再次恢復了往日的活力；不料進入一九六〇年代後，輪到物流革命重創了這個地區。陸上運輸業的發達與海上貨櫃運輸的崛起，使得歷史悠久的碼頭區港灣急速老朽風化，城區淪為貧民窟，明明地處倫敦都心旁的絕佳位置，最後還是成為一片廣達二十平方公里的廢墟。這樣的狀態一直持續到一九八〇年代後半。

看到這片老朽風化、成為廢墟的港灣，你有什麼想法？

我指的並非沉浸在對時光流逝，榮枯盛衰的感傷情緒。我的意思是，你能在這裡描繪出什麼別人想像不到的藍圖呢？這就是構想。

華德・迪士尼╳有鱷魚的溼地

注意到這塊廢墟的是加拿大的賴克曼兄弟。他們的「奧林匹亞與約克」（現在已改為Olympia and York Property）是世界最大的不動產公司。賴克曼兄弟對這塊廢墟描繪的藍圖是「這裡將成為第二個西堤」。他們打算把這個地區打造成「住商混和型的未來型二十四小時都市」。當時首相柴契爾夫人（Margaret Hilda Thatcher）的大力支持也是很大的助力，在她「公共交通方面就交給我處理！」的承諾下，計畫付諸實行。

不料途中遭遇金融危機，日本銀行取消融資計畫，使得奧林匹亞與約克公司瀕臨破產；即使如此，賴克曼兄弟最後還是成功挽救危機，真的實現了他們的構想，那就是現在的金絲雀碼頭。如今，這裡的定居人口已超過二十萬人，著名的英國三大高樓加拿大廣場一號、倫敦匯豐大廈及花旗集團中心都坐落在這裡，其中最高的加拿大一號廣場（兩百三十五公尺），便是由賴克曼兄弟建設的建築。在二〇一二年被碎片大廈（The Shard，歐盟最高建築物，高三百一十公尺）超越前，一直是英國最高的大樓。

現在金絲雀碼頭成為歐洲最大的超高樓大廈城區，更是英國名符其實的「金融副都心」，甚至已對倫敦金融城西堤的地位造成威脅。四季酒店、希爾頓酒店及萬豪酒店等國際高級飯店進駐，鄰近交通方便的倫敦城市機場。可以預見住商混和型的副都心建設與入居潮還會繼續成長。

金絲雀碼頭的繁榮，正可說是建立在賴克曼兄弟「這裡將成為第二個西堤」的構想上。

這種構想的力量，能夠讓一個什麼都沒有的地方搖身一變為另一個完全不同的空間。

再舉個例子，大家都知道米奇的創造者是華特・迪士尼（Walt Disney）。在他的構想下，大人小孩都能樂在其中的新主題樂園迪士尼樂園，於一九五五年在美國加利福尼亞州安那翰誕生了。然而，他並未就此滿足。

那時，迪士尼在佛羅里達州奧蘭多看見一塊溼地。雖說當時佛羅里達州開始大規模出售土地，可是這塊有鱷魚棲息的廣大沼澤溼地卻始終乏人問津。和前述英國碼頭區的廢墟一樣，看在大多數人眼中，溼地就只是溼地。

然而，迪士尼的眼光不同。他看到這片廣大的原始溼地，腦中描繪出的藍圖是：「無論小孩與大人都能盡情暢遊的全年型主題樂園度假區。」起初他屬意在人口較多的東部或中西部興建第二座迪士尼樂園，礙於那裡冬季氣候嚴寒，無法成為全年暢遊型樂園，於是他將眼光移向南方，搭著直昇機找尋廣大空地。他匿名買下地主不多的奧蘭多土地，打算在此興建一座「實驗型未來都市」（EPCOT，艾波卡特）。然而投資家們眼中只看得見棲息溼地的鱷魚，華特・迪士尼還來不及親眼看到自己描繪的構想實現，就因肺癌於一九六六年十二月十五日辭世，直到他死後五年的一九七一年，華特迪士尼世界度假區（當時的名稱為迪士尼世界）才正式竣工。

現在的華特迪士尼世界度假區中，總共有四個主題公園、兩座水上樂園（當初的構想就是利用溼地的水源打造水上樂園）、六個高爾夫球場，也有賽車場和二十間度假飯店，實現了當年華特・迪士尼構想中的世界最大規模全年型主題樂園度假區。

在台場的空地上看到什麼

再舉一個例子吧。

這是我實際經手過的案例之一。

現在的台場已經是日本著名觀光景點，可是直到一九九〇年代，那裡還到處都是薺菜叢生的空地。早年東京都政府曾著手開發台場為「臨海副都心」，卻因泡沫經濟崩壞的影響，原本內定進駐的企業退回合約，開發因而中斷。此外，這裡也曾是一九九六年舉行「世界都市博覽會」的預定地，在世間批判下，甫上任不久的東京都知事青島幸男決定中止舉辦，這一帶的開發與建設也陷入前途未卜的窘境。

即使如此，一九九五年百合海鷗線開通，一九九六年東京臨海高速鐵路臨海副都心線（臨海線）於新木場至東京電訊之間路段啟用，再加上一九九七年富士電視台從新宿區河田町搬到台場後，街區逐漸整頓成型。不過一直到九〇年代後半，這一帶還是有很多空地。

當時我和宮本雅史——曾任史克威爾（現已改為史克威爾艾尼克斯控股）第一代社長，《最終幻想》（*Final Fantasy*）電玩遊戲的催生者，目前經營活力高齡住宅Smart Community稻毛的實業家——看見了臨海線東京電訊站與百合海鷗線青海站之間的廣大土地。那裡曾是世界都市博覽會的預定地，也是臨海副都心青海ST劃區。

宮本的公司和森大樓各出資百分之五十，以十年期限向東京政府租下約一萬坪的建設預定地。如今已辭世的森大樓前社長森稔原本的想法是在那裡興建運動品牌耐吉的耐吉城，因此找上了擔任耐吉社外董事的我。我又與友人宮本談起這件事，結果描繪出另外一種構想。

我們的構想是，在這裡打造一座**劇場型城市**，以二十五歲到三十歲女性為目標族群的「全天候主題公園式購物商城」——這就是在一九九九年開幕的維納斯城堡。我們在屋內打造出當時日本年輕女性嚮往的歐洲街景，不管走到哪都能享受宛如一邊漫步歐洲城鎮街道一邊挖寶的氛圍，實現了劇場型購物商城的構想。詳情請參考我與宮本合著的《感動經營學——維納斯城堡誕生背後的秘密》，簡單來說，我們構想中的藍圖在一無所有的空地上吸引人群聚集。從開幕日起的二十天內，上門顧客人次高達一百六十萬人，順利地揭開了序幕。

那裡原本連街道都沒有，只是個雜草叢生的空地。我們的構想從「該打造什麼樣的設施」到「該如何吸引人潮」，連人流的情況都設想進去了。

在這個地板面積約七萬平方公尺的廣大空間中，我們除了搭建起中世紀歐洲一般的街景，連頭頂都呈現出隨時間變換天色的天空。方法是在天花板上安裝電腦控制器，從白天的晴空到傍晚的夕陽，再到夜晚的黑與清晨的朝陽，以一小時為單位漸層變化。如此挖空心思，就是為了讓來到這裡的人即使身在建築之中，仍能品味到彷彿真正走在古代義大利或南法街道上的感覺。

要在現成的事物上追加創意點子並不難。可是，非得思考如何從0到1不可時，考驗的就是人的構想力了。

「十億個帳戶」的構想

以花旗銀行為首的花旗集團，無疑是世界最大級的金融集團。在全世界超過一百六十個國家及地區擁有約兩億顧客帳戶的花旗集團，之所以能建立起今天的地位，實在必須歸功於前執行長約翰．里德（John S. Reed）的構想力。

約翰於一九八四年，年僅四十五歲時當上花旗銀行董事長兼執行長，構想出日後銀行應有的生存之道，也可說他預見了即將到臨的未來。

他是這麼告訴業務負責人的：

「今後，如果無法開拓十億帳戶，零售銀行將無法生存，所以無論如何都要想辦法達到十億個帳戶」。

這才是最高經營者的構想力。

尤其是相較之下，日本的經營者總是說些「總之就是要增加收益！」之類既稱不上構想也稱不上願景的話，一味下令增加收益。可是，光這麼說打動不了下面的人。最高經營者必須先描繪得出一個遠大的構想藍圖，正因有了構想，才能陸續以「概念／願景＞戰略＞事業計畫」的步驟，帶領所有人團結前進。

里德說得很具體，今後的銀行必須擁有十億個帳戶。

這個構想促成了行動電話上電子錢包的誕生。

想實現十億個帳戶的構想，和過去一樣的做法恐怕已經行不通。既然如此，只要把現代人人擁有的行動電話變成銀行就行了，電子錢包的點子於焉誕生。正是先有了十億個帳戶的構想，才有後來的電子錢包。

除此之外，花旗銀行還在印度邦加羅爾展開最低二十五美元的存款服務，引發大流行。這也是從十億個帳戶構想中誕生的點子。

所有偉大經營者的共通之處，就是這一類的構想。

比方說諾基亞的約瑪·奧里拉（Jorma Ollila）前董事長兼執行長。過去諾基亞曾是個製造橡膠雨鞋、輪胎、紙與電子零件的小公司；然而在他「人手一支行動電話的時代即將到來」的構想下，將面臨破產的諾基亞轉型為行動電話公司，成為世界最大的行動通訊機械製造商。從一九八八年到二〇一一年，諾基亞無論在市占率或銷售數量上都是世界第一。現在雖然已被微軟收購，諾基亞仍是芬蘭經濟的推手，這一點毋庸置疑。

說到微軟，其創業者比爾·蓋茲也一樣，在電腦還屬於特殊事物的時代，蓋茲已在腦中描繪出「所有家庭的書桌上都會有一台電腦」的構想。實際上他也實現了這樣的時代。Google的共同創辦人謝爾蓋·布林與賴利·佩吉則是在面對「網頁搜尋不易」的現狀時，描繪出「能準確搜尋出使用者想要資訊」的搜尋引擎構想。

蓋茲也好，佩吉也好，布林也好，當他們描繪著這樣的構想時，都還不是世界知名領導者。不只如此，甚至可以說是無名小卒，只是個誰都不認識的個人罷了。然而，他們都因構想為世界帶來巨大的改變。

從0中創造1的創意、創新能力，關鍵就在於構想力。

前人眼中看到什麼

以下我將舉出幾位歐美經營者的構想。當時他們眼前看到的是什麼？從那樣的景象中**構想**出什麼？希望大家都能從中獲得提示。

■華特・迪士尼／華特迪士尼公司創辦人

○眼前實際看到的東西＝有鱷魚出沒的溼地。

○他人看不到的東西（構想）＝一個讓大人與小孩都著迷的地方。

■比爾・蓋茲／微軟創辦人
○眼前實際看到的東西＝電腦是罕見而特別的東西。
○他人看不到的東西（構想）＝所有家庭的書桌上都會有電腦。在需要的時候使用需要的軟體。

■史考特・麥克里尼（Scott McNealy）／昇陽電腦共同創辦人之一
○眼前實際看到的東西＝電腦都是各自獨立作業的。
○他人看不到的東西（構想）＝連結網路才是電腦。

■約瑪・奧里拉／諾基亞前董事長兼執行長
○眼前實際看到的東西＝只有少部分人持有行動電話。
○他人看不到的東西（構想）＝人手一支行動電話的時代即將到來。

■賴利・佩吉與謝爾蓋・布林／Google 共同創辦人
○眼前實際看到的東西＝找不到想找的網頁。

○他人看不到的東西（構想）＝讓使用者一輸入就找得到目標的搜尋引擎。

如何？

他們將別人看不到的東西具體描繪出了藍圖，正因如此才席捲了世界。不過這種構想力可不是歐美人士的專利，日本經營者中也有不少描繪出構想藍圖並成功實現的人。

下面列舉幾個例子。

■本田宗一郎／本田技研工業創辦人

○眼前實際看到的東西＝不知道消費者的需求是什麼。

○他人看不到的東西（構想）＝我們的創意在哪裡，哪裡就能創造出需求。

■川上源一／日本樂器製造（現為山葉YAMAHA）第四任社長，山葉發動機創辦人。

○眼前實際看到的東西＝休閒娛樂只是少部分人的特權。

○他人看不到的東西（構想）＝娛樂不足的日本更需要音樂與休閒。

■立石真一／立石電機（現為歐姆龍Omron）創辦人

○眼前實際看到的東西＝現金交易。

○他人看不到的東西（構想）＝不使用現金交易的社會必定會來臨。

■孫正義／軟體銀行創辦人

○眼前實際看到的東西＝網際網路的力量有限。

○他人看不到的東西（構想）＝生活中的一切都與網際網路相連。

將別人看不到的東西具體化的能力

看了這麼多例子就知道，前人的構想不只是白日夢，和兒時夢想或空想不可混為一談。是他們先基於幾項事實，看到某些前兆，各自應用了快轉的概念思考，最後一邊問自己「這一切有何意義？」一邊組合起各種事實，描繪出壯大的構想藍圖。這當中有著邏輯性，不單只是隨意浮現腦海的東西，這點請大家務必要理解。

不過也不用想得太難。只要經過訓練，人人都有描繪構想的能力。這本書就是為此目標而寫的。

重要的有以下兩點。

1. **構想是比概念或願景更高層次的想法。**
2. **構想是將看不見的東西具體描繪成藍圖。**

在數位大陸之前的時代，擁有知識就是人的價值。然而，如今知識已可被Google查詢取代，光是將知識輸入腦中沒有意義。必須將知識發展為創意，不斷向外輸出才行。這麼一來，才能達到「思考的飛躍＝創新的思考」。

創新思考的目標之一就是構想。將別人看不見的東西化為具體形狀——這種力量就是構成力，也是這個時代必備的思考力，是機器無法取代的能力。

實踐篇

創造出「嶄新市場」的4種發想術

1 情感投入

——嬌聯為什麼受女性歡迎？

十一種發想術不是背起來就算了

前面介紹了從戰略上的自由度到構想等十一種思考術，為的是訓練我們成為從0創造1的創新人才。

不過重要的不是把這些像背公式一樣背起來，如果不把思考術當作好用的工具，那就失去意義了。

前面介紹的十一種思考術，若以劍道的學習來說就是招式。上段技、下段技、腿技……把這些招式全都學會之後，才終於能上場比試。只要看書，很快就能學到那些招式，問題是，手握竹刀與對手對峙，一決勝負的時候，根本沒有時間翻書。話雖如此，把整本書裡的招式死背起來，在決勝場上默念「對手這樣出招所以要向左邊閃避……」也肯定來不及招架。

商場亦是如此。平常就必須養成在腦中運用十一種思考術的習慣，一旦遇到課題時，才能馬上切換不同觀點，發揮創意。

不過，現實世界中的商場還有太多光靠十一種思考術無法解決的課題。為了因應這些課題，以下將繼續介紹四種可搭配基礎篇使用的思考術。

首先是「情感投入」。

在一片邏輯思考的方法中，突然聽到情感投入四個字，或許會有人覺得很突兀，事實上，當新的商品或劃時代的服務誕生時，根源之處往往都有情感投入其中。

在討論情感投入的方法時，我認為現代人可以從葛飾北齋身上學到很多。

北齋是活躍於江戶時代後期的浮世繪師，終其一生共發表了超過三萬幅作品，其中的代表作非〈富嶽三十六景〉莫屬。

這套畫出版時的宣傳詞是這麼形容的：

此畫（富嶽三十六景）呈現各地所見之富士山嶽迥異形貌。有自七里濱觀賞者，有自佃島眺望者，變化萬千，對習山水畫者極有助益。若循此技法臨摹雕刻，或可創造百餘風景，不限於三十六之數。

從各個不同的地方眺望富士山，從不同面相掌握山嶽形貌。如此一來，即使是同一座山，呈現出的卻是完全不同的意趣。北齋完成〈富嶽三十六景〉後，立刻又著手創作了〈富嶽百景〉。商務人士應該學習他的精神，從各種不同的觀點檢視自己的事業。

後來浮世繪被用來充當包裹瓷器與陶器的緩衝材，遠渡重洋到了海外，在偶然的情況下被歐洲人看見，梵谷等人甚至留下好幾張模仿浮世繪的畫作。〈富嶽三十六景〉中最受矚目的是其中一張〈神奈川沖浪裏〉。在這幅著名的浮世繪中，捲起千堆雪的驚濤巨浪襯托下，另一頭的富士山看起來變得十分渺小。畫家梵谷在寄給弟弟的信裡大力稱讚這幅畫，作曲家德布西將這幅畫掛在工作室，受其影響寫下了管弦樂作品〈海〉。由此可見這幅畫是如何震撼了全世界。

如今〈神奈川沖浪裏〉已是無人不知、無人不曉的名作。在歐美的某個CG繪圖課程中，甚至包括了將這幅畫用CG方式重現的內容。

看著〈神奈川沖浪裏〉，內心突然湧現一個疑問。北齋究竟是從哪裡看到這幅景象的呢？那並不是坐在哪個海邊寫生就能得到的構圖。北齋一定是將整座富士山納入腦中，再重新描繪出了這幅畫的構圖吧。我認為，這正是創意。

而我也將北齋腦中如此的運作稱為感情投入。若沒有投入情感，怎麼可能看見〈神奈川沖浪裏〉畫中這般現實不可得的構圖呢。

嬌聯創業者對女性的情感投入

生產衛生棉與紙尿布等衛生用品的大廠嬌聯，是高原慶一朗於一九六一年創辦的公司。最早是建材公司，一九六三年起開始製造生理用品衛生棉，現在除了日本國內，也進軍東南亞市場，擁有值得自豪的市占率。原因當然是該公司製品深受女性歡迎。

為什麼能辦得到這一點呢？聽高原慶一朗本人說過，在開發衛生棉的初期階段，高原自己曾在內褲裡貼上衛生棉，確認使用起來的觸感。據說連去跑業務時也一直貼著。這就是他對女性的感情投入。後來開發團隊也有男性員工和高原一樣，主動貼著衛生棉睡覺。正因他們如此徹底執著於研究衛生棉使用起來的效果，嬌聯才會成長到今天的規模。

日本麥當勞的創辦人藤田田也是如此。

藤田在美國看到漢堡的流行，但他並未輕率地抱持「漢堡拿到日本也能暢銷」的想法。藤田認為日本人體格與體力不如美國人的原因出在食物，能解決這個問題的食物就是漢堡，這才是他創辦日本麥當勞的原因。因此，藤田逢人就說「日本人不多吃點漢堡不行，要吃漢堡才能培養不輸給歐美人的體力。」他是打從心底熱愛著漢堡，這也是一種感情投入。

我曾擔任美國運動品牌耐吉的社外董事，當時就曾親眼見識到董事長菲爾・奈特（Phil Knight）的感情投入。

耐吉是奈特取得史丹福大學商學院ＭＢＡ（工商管理碩士）後創辦的公

司，起初先向日本廠商鬼塚虎（Onitsuka Tiger，現在的亞瑟士前身之一）進口運動鞋販售。然而奈特後來失去了鬼塚虎的銷售權，不得不自創品牌，推出擁有獨家設計、獨家貨源的商品。耐吉（最早的公司名稱為藍帶體育公司）就此誕生，並且風靡了全世界。

為當紅運動選手提供贊助，是耐吉成長為國際企業的主要原因之一，而其中一位知名選手，正是人稱「籃球之神」的麥可．喬丹（Michael Jordan）。

當時耐吉尚未投入籃球市場，然而自喬丹高中時起，奈特就是他的球迷，親眼見證喬丹經歷了北卡羅來納大學時代的活躍，以及在洛杉磯奧運中獲得金牌等佳績。確信喬丹未來不可限量的奈特，以遠高於當時行情的金額與喬丹簽訂「一年五十萬美金的五年合約」，說服了原本打算與愛迪達簽約的喬丹，改為耐吉代言。

奈特經常把「優秀的運動選手是一門藝術」掛在嘴邊，在他眼中看得到喬丹的美。

耐吉創業者在伍茲身上感到的激動

當這樣的奈特提出要與高爾夫球選手老虎伍茲（Tiger Woods）簽訂代言合約時，受到董事們大力反對。

當時還是大學生的伍茲只是業餘選手。十八歲時獲得美國少年組業餘冠軍，並分別於十九、二十歲時再次奪冠，達成三連霸。即使如此，他依然只是一名史丹福大學的學生，奈特卻宣稱要和這位業餘選手簽訂七年代言合約。不只如此，簽約金額占了當時耐吉總營收的四分之一，這絕不是提供給一名大學生應有的簽約金額。

當然包括我在內的所有董事大力反對。就算真要簽約，也可以先簽一年約，觀望伍茲的成績後再考慮第二年是否延長。董事們建議奈特用這種方式降低風險，可是奈特堅持「一定要簽七年」。

他的主張是：「伍茲一定會成名，等到成名後再簽約，那就不是我們出得起的金額了。所以，一定要從現在開始就用別人不願拿出的金額跟他簽訂七年合約。」

就算公司創辦人再怎麼堅持，也不能無視董事會意見一意孤行。當時的董事會中，除了奈特之外所有人都傾向反對。如果這時就做出決定的話，七年合約的提案一定會遭到推翻。

此時，奈特對我們這麼說：

「我從老虎伍茲十三歲時就開始看他打球了。他總令我熱血沸騰。這種熱血沸騰的感覺，就和當年看到還是高中生的麥可．喬丹一樣。我在伍茲身上感受到熱血沸騰，和喬丹帶給我的感覺一模一樣。」

熱血沸騰說穿了，就是一種情感投入。奈特對當時還是二十歲的學生選手伍茲投入了情感。

我們沒看過高中時的麥可．喬丹，可是我們都知道他是個超級巨星，既然奈特具有看出喬丹才能的獨到慧眼，現在又從伍茲身上感受到同樣熱血沸騰的感覺，何不照他說的試試看呢。

最終，奈特的情感投入打動了董事會。

後來的結果大家都知道了。

伍茲與耐吉簽了約，幾乎同時也從大學休學，成為職業高爾夫球選手，立刻拿下多場勝利。一九九七年伍茲第一次參加美國名人賽，以大幅領先第二名的差距拿下冠軍，創下美國名人賽史上最年輕冠軍選手（二十歲三個月）的紀錄。這年，他也以二十一歲的年紀奪下ＰＧＡ巡迴賽史上最年輕獎金王。

伍茲很快地成為電視、雜誌等媒體競相報導的寵兒，在他獲得美國名人賽冠軍後，耐吉一眨眼就回收了當初付給伍茲的簽約金。

奈特曾說過下面這番話。

> 很多人都說「想開餐廳」。可是，如果沒有一天能待在餐廳廚房工作二十三個小時的覺悟，或是無法在完全賺不了錢的情況下仍說得出自己「真心喜歡這份工作」的話，最好還是放棄。

奈特身為經營者的能力廣受好評，各行各業的企業紛紛對他提出經營委託。然而只要他對那份工作無法做出「願意一天工作二十三小時的覺悟」，無論報酬再高也不會接受。

舉例來說，他曾說過自己「不擅長電器用品」，不管聽了幾次說明，還是搞不懂電器用品的結構。因為搞不懂，所以無法投入情感，也激發不出創意。因此，無論電器業界提出報酬多麼優渥的委託，他也從來不曾點頭。

為什麼賈伯斯能夠創新

換句話說，情感投射就是創意之源。對自己提供的商品或服務，以及對自己的公司能「投入多少情感」，是從事商業工作的人備受考驗的地方。

情感投入還有另外一個優點，那就是即使失敗也能立刻站起來的原動力。

蘋果的創業者史提夫．賈伯斯曾在史丹福大學畢業典禮上為畢業生致詞時這麼說：

「我能不被挫折打倒努力至今的原因只有一個，就是我熱愛自己的工作。」

一九七六年創辦蘋果公司，二十五歲成為富比士富豪榜上名人；然而他的人生並非一帆風順。創業不到十年，一九八五年時被自己創辦的公司放逐。再次回到這間公司，已是大約十年後的一九九六年，在iphone的開發過程中也吃了不少苦頭。

然而賈伯斯只憑著熱愛自己的工作這一點，一再地從挫敗中重新站起來，這就是情感投入的強大之處。

前面提到的奈特也經常這麼說：

「沒有必要每件事都成功，無論失敗多少次，只要最後一次成功了，人們就會稱呼你為成功者。」

只要持續抱持喜歡的心情，失敗再多次也能再次挑戰。遇到挫折時轉念告訴自己「一定會有辦法」，創意就會從腦中誕生。

相反地，工作時心不甘情不願的人絕對無法創新。那樣的人只是把交付到眼前的工作一一完成的處理型工作人，離創意思考還差得遠了。成功的前人們教會我們，首先必須徹底沉浸在自己面臨的課題中，對工作投入情感，這是最重要的事。

2

共布與市場區隔

——暢銷洗髮精背後的思考方式

反向思考

江戶時代，各行各業的工匠們穿的圍裙前面往往有個稱為「共布」的大口袋，也就是裝錢袋。工匠們收錢、找錢時，隨意拿取裝在共布裡的錢，沒有經過仔細計算，這就是日語中糊塗帳一詞的由來。現在用到這個詞彙時，多半指不加細分、粗略估算的意思。從這樣的共布文化也誕生了暢銷商品。

反過來說，區隔（劃分）則是行銷上的慣用語，意思是針對消費者做出市場劃分、市場區隔。

只要是在市場中擁有相似特性，相同需求的個人或團體，就可劃分為同一族群。這裡說的特性或許是性別、年齡、職業、所得、居住地區，也可以是單身或已婚、喜愛室內活動或戶外活動等等，只要是能辨識出區隔的分類，什麼都可以套用。所謂的特性，也可以用切入點、問題軸心或變數來代替。

用這種方式劃分市場的過程，稱為市場區隔。

比方說，以洗髮精為例來思考。

要劃分洗髮精這種商品的特性，除了性別、年齡之外，還可以用髮質、頭皮性質、頭髮長度、有無染髮等條件來分類。以頭皮性質來說，有人容易出油，有人容易長頭皮屑，有人容易發癢。以髮質來說，有人在意受損的髮絲，有人在意毛躁。這些都可以是區隔市場的變數。

以洗髮護髮產品中市占率最高的花王為例，來看看他們是如何區隔市場吧。

▪注意美容的年輕女性／追求高質感的族群——阿姬恩絲（ASIENCE）

走高級路線的阿姬恩絲，推出的電視廣告家喻戶曉。同一品牌又根據不同髮質進一步細分為清爽型和潤澤型。此外於二〇一五年秋季，更以「比一般人更在意美容的女性」為目標族群，增加了阿姬恩絲巡（ASIENCE MEGURI）

系列商品。

- **二十到四十幾歲女性／在意髮質的族群——逸萱秀（Essential）**

在修護受損髮質概念下誕生的品牌。同一品牌再細分以「連損傷嚴重的髮梢都能重新恢復柔順」為賣點的強韌抗斷裂系列、以「容易乾燥的髮絲也能輕盈柔順」為賣點的亮澤去毛躁系列，以及以「看起來清爽飄逸，摸起來柔軟滑順」為賣點的美型抗蓬亂系列。

- **四十幾歲女性／追求高質感的族群——仙格麗塔（Segreta）**

以減緩髮齡老化的機能為訴求，將目標族群鎖定四十幾歲的女性。

- **擔心頭皮屑、頭皮癢的族群……Merit**

一九七〇年上市，強調可防止頭皮屑、頭皮癢，推出後立刻成為廣受歡迎的品牌。

由上述整理可知，花王旗下洗髮精的市場區隔劃分得非常精細。除了上面提到的產品，還有預防頭皮問題的藥用洗髮精珂潤（Curél），專為男性設計的護理品牌Success等，針對不同族群開發出各種不同商品。

不僅限於花王，所有頭髮護理產品的廠牌在開發產品時，可說都以市場區隔為主軸。

不過，市場區隔並不是萬靈丹，也會有遇到限制的時候。

舉例來說，在一家四口共同生活的家庭中，如果每個人都使用符合自己市場區隔的洗髮護髮產品，按照人數分別購買洗髮精與潤髮乳的結果，一個浴室裡將同時擺放八個瓶瓶罐罐。若連女性使用的護髮乳也算進去，總數可能會超過十種。原本是站在消費者立場思考的市場區隔，此時反而成為購物壓力。

這種時候該如何思考才好呢？

只要反向思考與市場區隔完全相反的事就好了。換句話說，就是反過來運用不加細分、粗略估算的概念。當業界競相鑽研市場區隔時，反其道而行地拋出不做區隔的想法。以洗髮護髮產品來說，就是洗潤合一型的商品。

事實上，一九八九年問世的獅王 Soft in 1，便打著「好潤洗」（潤髮效果一樣好的洗髮精）的宣傳文案一炮而紅，成為暢銷商品。經過幾次改版，至今仍是該品牌的長青商品，正是因為「只要一瓶就夠了」的不加細分戰略成功奏效。

「共布」橫行的日本銀行界

當某個業界被市場區隔牽著鼻子走過頭時，就得以共布方式一決勝負。相反地，當整個業界都以共布方式提供商品時，就該鎖定市場做出區隔。新商品或新服務就誕生於這樣的想法中。

以日本整體來說，尚未做出市場區隔的領域還很多。已經盡可能細分區隔過的業界固然可以考慮反過來用共布的方式思考，如果不是這樣的業界，不妨研究海外業界的市場區隔案例，或許能從中找到意想不到的點子。

舉例來說，金融及保險領域就可以參考歐美相關產業的市場區隔方式。以下試以銀行為例展開思考。

除了外資銀行，日本本土銀行可說完全是共布的天下。無論是什麼樣的顧客，一律提供相同服務，完全沒有做出市場區隔。對於融資顧客的審查一律採擔保制度，借款人幾乎只能用相同利息借款。存款利息也幾乎一視同仁。

歐美的銀行則完全不是如此。他們會根據借款人的市場定位做出「風險檔案」，詳細掌握不同借款人的狀況。以數字呈現顧客資訊，方便統計。每間銀行對借款人有一套自己的信用評估等級。

假設信用等級從上到下分別是A、B、C、D、E。等級最高的A借款時間最長，額度也較高，此外可用最便宜的利息借款；相較之下，信用等級最低的E的借款時間便設定得最短，額度也較低，借款利息則比A還要高。

站在銀行的角度，對於信用等級高的顧客，可以加快審查速度，確認資產狀況的觀察頻率也可降低。換句話說，不須在優良顧客身上花費不必要的審查經費。另一方面，對於信用等級低的顧客，就要適度增加審查與觀察的勞力。審查經費雖然比優良顧客多，考量到低信用顧客的風險較高，這麼做也是出於理所當然的判斷。

將顧客做出市場區隔的另一個好處，就是能正確而迅速地做出融資判斷。歐美的銀行會根據先前統計過的借款人風險檔案製作信用評分。其中最具代表性的信評模型是美國費艾茲公司開發的FICO信評，以信用度換算為得分，決定分數高低的指標為以下幾項要素。

・繳款履歷

信用卡和貸款的繳款履歷當然是重要的檢視項目之一。是否在期限內繳納？若延遲繳納其延遲天數為何？是否有長期滯納的情形？延遲繳納的頻率高低等……將這些關於「繳款」的習慣化為數值。

・可借用餘額

高額借款本身並不會影響評分，評分的標準是看借款人只向一個銀行借款，或是向多個銀行借款。若已借入最高額度的金額且在不只一個銀行借款，評分就會降低。相反地，已提前還款或定期還付貸款者評分都會提高。

・「信用紀錄」期間

若借款人持有信用卡，比起不斷更換信用卡，長期使用同一張信用卡的人評分更高。因為這證明了使用信用卡期間，持卡人的金錢受到妥善管理。不過持有期間再長，若是未經使用的休眠狀態信用卡，評分也不會提高。

・**新借款的多寡**

申請新信用卡也會影響信用評分。尤其是短期內申請多張，或是名下有太多筆新借款等，都會被判斷為高風險。此外，授信業者提供的信用照會次數也會反映在評分上。查詢（照會）本身就會留下紀錄，舉例來說，申請某銀行信用卡卻未通過審查，於是向另一間銀行提出申請，這時履歷留下的是兩筆信用照會紀錄。信用照會的次數越多，對信用評分會造成越大的負面影響。

・**組合使用不同種類的信用卡**

問題在於用何種方式借錢。比方說信用卡的每月付款、分期付款（在零售店消費或繳納保費）、現金卡借款的分期償還、住宅貸款……當使用的組合顯得不自然時，就會被判斷為高風險人。

FICO信評分數範圍從三百到八百五十，從上到下分成EXCELLENT、VERY GOOD、GOOD、FAIR、POOR五個等級。

歐美的銀行因為採用這套評分系統，提高了對融資者的審查速度和效率。

此外，貸款時的利率也會隨之改變。拿排名高（評分落在七百六十到八百五十分之間）與排名低（評分落在五百到五百七十九分之間）的人相比，前者的貸款利率有時甚至不到後者的一半。

從市場區隔中誕生的商機

相較之下，日本的銀行至今仍用共布般的方式，將顧客混成一氣，毫不細分，對所有顧客一律花相同時間審查，經費當然就耗費更多。

日本金融業界的另一個問題是不容易吸收到FICO信評超過七百六十分的EXCELLENT好客層。

要是能做好市場區隔，就能為EXCELLENT客層提供低利率的融資與高利率的存款利息。往來客戶中越多這類優良客層，對銀行來說，只出不進的風險將減少許多。

保險業界也一樣，日本的保險業界受傳統思考與商業習慣束縛，多半沒有對客戶做好市場區隔。其實這也可以說是一個機會。透過市場區隔的觀點發揮創意，就有可能做出創新，從中產生新的商機。

另一方面，若市場區隔做得太細，也很可能像前述洗髮護髮產品那樣，忽略消費者實際使用狀況而過度分類。遇到這種情形時，最好退一步，用裝錢袋的概念思考。

裝錢袋和市場區隔正好像鐘擺擺盪的左右兩端，思考往哪一個方向擺動時，一定要把競爭對手和消費者的目的與心理放在腦中。

3 轉移時間軸

——「成本」陷入瓶頸時的因應方法

採用「整體成本」的思考方式銷售高價商品

前一章的共布與市場區隔，是一種轉移思考位置的方法，與此類似的還有一種轉移時間軸的思考方法。

尤其該用這種方法改變時間軸的是關於成本與投資的思考。轉移時間軸思考後，有時甚至可以讓原本認為不容易賣出去的商品轉為暢銷，或是克服新的商業創意實行時的資金不足等課題。

為了幫助各位理解何謂轉移時間軸的思考，以下將舉日常生活中關於「個人如何決定購買何種商品」的例子加以說明。

比方說，某人去買電腦，支付金額的多寡一定會是決定是否購買的重要因素。如果眼前有兩部規格相同的電腦，當然會選擇買便宜的那一方。

對於這種重視支付金額多寡的顧客，就可以採用轉移時間軸的方式推銷。

首先，詢問顧客購買電腦後打算使用幾年，這裡先假設答案是五年吧。買電腦時，顧客需要先支付的是購買硬體的費用，接著還需要購買軟體和安裝網路的費用，想在五年中安心持續使用電腦，軟體更新與硬體維修的費用也不可或缺，更別忘了計算電費。

換句話說，以一部使用五年的電腦來思考時，重要的未必只有購買眼前硬體時支付的金額多寡，而必須比較TCO（total cost of ownership）——總體擁有成本。

如果我是賣電腦的業務員，遇到只打算以「眼前購買硬體的費用」決定購買哪部電腦的顧客時，一定會舉出TCO的概念加以說明——比較包括軟體與維修等費用在內的總體擁有成本後，比起您原本想買的另外一部電腦，整體來說敝公司的電腦其實比較便宜喔，推薦您還是買我們的電腦才划算。

這個做法正是錯開眼前購買費用的「時間軸」，重新提示五年這個新的時間軸做為判斷基準。

除了電腦外，這套銷售方式還可以用在影印機和汽車等商品的銷售上。

舉例來說，顧客正在猶豫要不要花一千萬日圓購買一輛高級轎車，如果這時銷售人員說「五年後賣掉的話，至少還可以賣六百萬喔」，顧客會怎麼盤算呢？想必此時顧客腦中的算式不會是一千萬除以五年，而是換成以四百萬除以五年。銷售員做的只有轉移時間軸，就能使顧客腦中產生「如果是四百萬或許可以……」的思考變化。

美國GE就是一個善用TCO為武器而成功的公司。GE的關係企業中有一間專賣醫療機器的GE醫療，一起來看看他們如何銷售昂貴的CT（電腦斷層掃描）器材吧。

首先，他們準備了可一天二十四小時，一年三百六十五天對應的遠端維修系統InSite。InSite與GE之間有通訊網路連結，不只可藉此監看、檢查，一部分的修理工作也能從遠端進行。

除此之外，GE又設置了客服中心，一樣是二十四小時、三百六十五天都有工程師對應服務。機械使用上遇到的半數問題，在聯絡客服中心的階段就能用遠端維修系統 InSite 解決。

不只機器的維修，ＧＥ還考量到醫療機構的使用者必須學習如何操作機械，另外提供了說明機器使用方法的線上課程。有了這套課程，在必須操作平日沒有使用習慣的應用程式時，使用者也可以自己找時間預習或複習。

ＣＴ這種價值數億日圓的昂貴機械一經導入，一旦機器故障就會造成很大的損失。儘管醫療機構想提高使用率以早日打平購買機器的花費，又擔心一旦故障會得不償失；然而ＧＥ以二十四小時、三百六十五天對應的遠距維修系統和客服中心成功消除了購買者的疑慮。或許眼前買下這台機械的金額比買其他廠牌的機械高，只要用ＴＣＯ思考——轉移時間軸——反而會覺得划算。這就是銷售策略成功的原因。

KOMATSU的工程機械「日本市占率第一」的原因

擁有日本第一的市占率，放眼全世界也擁有第二高市占率的建設機械、重機械製造商 KOMATSU（小松製作所）是另一個成功運用ＴＣＯ概念銷售商品的企業。

舉例來說，KOMATSU為自家製造的建設機械導入了名為KOMTRAX（Komatsu Machine Tracking System）的系統。

使用這套系統在建設機械上設置晶片，透過GPS和資料伺服器二十四小時監控。如此一來，即使不用親自到工地現場，KOMATSU和客戶還是能共同掌握工程車正在哪裡工作，如何使用，哪些機械需要維修等資訊。

拜KOMTRAX之賜，使用者清楚就能掌握哪些機械使用率低，判斷是否應該提高使用率或更換消耗品。換句話說，企業不但可節省經費，還能輕鬆管理操作人員的勤怠狀況。站在KOMATSU的角度，則是可以透過這套系統不斷獲得龐大且具有即時性的資訊資料，基於這些資料開發或改良既有商品。由此可知，這套系統對銷售者或使用者而言都有很大的好處。

此外這套系統發揮了出色的防盜效果。因為可遠端操控，即使遭竊也能馬上停止機械運作。也因掌握了機械所在的地點，很容易找到失竊機械。

假設使用分期付款購買或長期承租機械的顧客延遲繳款時，KOMATSU方面還可遠端中止機械運作，降低無法收款的風險。

對正在考慮購買機械的使用者來說，比起只考慮初期費用，只要以TCO概念思考，多半會做出購買KOMATSU機械較為划算的判斷。KOMATSU之所以能在業界擁有日本第一、世界第二的市占率，可說必須歸功於轉移開時間軸的思考概念。

無論是GE或KOMATSU的作法，無疑都是在網際網路與GPS技術的革新與進步之下達成的，也可說是數位大陸時代的概念與其背後日新月異的技術聯手達成的結果。

手邊沒有資金也能開發生意

轉移時間軸的思考方法，並不只限於業務員銷售商品時。在創造一個全新商品或服務以及建立新事業時，都可以用上這種思考術，以避免因為受到眼前成本及預算束縛，導致想像力侷限貧瘠。綜觀全體的思考本身就是一種轉移時間軸的方法，藉由這個思考術，無論是對成本的思考或對事業的決策，都能獲得與過去完全不同的尺度與眼界。

在此，我要介紹一個與TCO同為轉移時間軸的方法。那就是NPV（Net Present Value），可以翻譯為「淨現值法」，是收益現值思考的要素之一。

舉香港國際機場的開發為例說明。

九〇年代前半，即將於一九九七年返還中國的香港正面臨著急迫的新國際機場建設問題。在那之前，舊的香港機場只有一條起降跑道，使用上早已呈現飽和狀態，不管誰來看，建設新機場都是當務之急。

此時浮上檯面的是關於資金的問題。

著手建設的雖是當下的英屬香港政府，不久的將來香港即將被中國統治，英屬香港政府借的錢，在香港歸還中國的那一刻起，就會變成中國政府的債務。新機場的建設總經費約為兩百億美元，也就是相當於兩兆日圓的大工程計畫，這筆帳總不能算到中國頭上，建設計畫便一直這麼懸宕著，香港政府只能摸索是否有不需背負債務，依靠民間資本著手建設的方法。

當時我擔任麥肯錫公司亞太地區董事長，在因緣際會之下參與了這次的工程計畫，麥肯錫為香港政府提出的計畫方案，正是採用了NPV的思考方式。

首先要做的，是將機場相關事業未來可能獲得的收入全部寫下來。

- **飛機著陸費。**
- **飯店事業。**
- **引擎等機械維修費。**
- **免稅店進駐費。**
- **餐飲店承租費。**
- **貨物處理費。**

這些預估未來可能獲得收入的事業，全部屬於NPV。比方說有打算進駐機場承租店面的業者，便以保證承租權利為交換條件，請業者預先支付未來預定繳納的承租費。

具體方法是將營收事業權利化，交給金融機構做為抵押，藉此籌集資金。接著再將權利賣給進駐機場經營事業者，透過這種NPV手法可預支收入，正是一種轉移時間軸的方法。

如此一來，香港政府便能在不須借款的狀況下籌集資金，建設新機場。

換成日本，因為所有建設都以稅金支出，事後往往為虧損所苦。若能使用這種方式，推展重大事業時，即使不籌集資金也有可能成功。

唯一的問題是，機場啟用後，因為收入已預支，可預見會有很長一段時間完全沒有收入。因此必須另外開發NPV事業之外的高附加價值服務或事業。

將營利事業權利化、證券化的，還有其他例子。

舉例來說，電影院或遊樂場等娛樂設施、醫院及老人安養中心等醫療長照領域……這類未來持續會有入場費與使用費等可預期之現金流及收入的事業，就能將整個計畫做為抵押換取資金。

總而言之，只要有創意，即使手頭沒有資金，依然能夠著手大事業。

用BOT模式承包印尼高鐵工程

各位應該聽過PFI吧。Private Finance Initiative的縮寫，意即透過融資計畫活用民間資金實現公部門推行的事業。在英國已相當普遍，近年來日本也開始運用。

PFI有各種做法，其中最具代表性的就是BOT（Build-operatetransfer）。

ＢＯＴ是基礎建設及營運的一種方法，在公部門的認可下，由民間企業自行運用資金進行公共設施的建設（Build）與營運（operate），等到過了一定期間，企業將資金回收之後，再將建設轉交（transfer）給公家機關。

澳洲的墨爾本港就是一個代表例。

墨爾本港是澳洲最大的貨櫃與一般貨物運輸港，港口的再開發建設正是採用ＢＯＴ手法進行。

具體來說，首先由維多利亞州製作主導計畫，參加計畫的業者必須根據主導計畫開發，因此不須擔心造成環境破壞或景觀失序的情形。業者取得維多利亞州的許可後進行開發，以預計產生的收益做為開發資金。等到合約上的期間過後，業者也以這段期間的收益賺回了當初投入的資金，墨爾本港的所有權便轉移給維多利亞州。執行這個ＢＯＴ案，使維多利亞州在沒有投入稅金的狀況下，獲得世界數一數二的美麗港口。

反觀日本又是如何？

以東京為例，台場、晴海或築地的土地原本雖然屬於東京都政府所有，卻因為沒有做好主導計畫，只能將土地切割出售。結果留下的是無秩序的紊亂街景與使用上問題重重的城市。

BOT對大規模的基礎建設最能發揮威力。

胡應湘創辦的香港基礎建設綜合企業合和實業，就是一個利用NPV、BOT手法成長的企業。

一九九〇年代的中國還稱不上是經濟大國，基礎建設百廢待舉，政府尚無餘力著手高速公路的建設。此時，胡應湘的合和實業接下了從香港到廣州的高速公路建設，與政府攜手合作，將過路費收入債券化並藉此籌集資金。

應用與胡應湘相同的方式，日本企業也能在進軍海外時找出一條活路。

最近日本政府積極爭取海外的基礎建設工程，其中的問題之一就是資金。爭取印尼高鐵建設工程時，日本對印尼的提案是，將總工程經費六千億日圓之中的七五%，以〇・一%的低利息借給印尼政府。然而，就算利息再低，對印尼政府而言依然會產生一筆債務。相較之下，日本的競爭對手中國卻不要求印尼政府負擔財政或債務保證，取而代之的是，提議由中國與印尼的合資企業向中國政府借款做為建設資金。這就是印尼最後採用了中國方案的原因。

假設日本也採行ＢＯＴ方式會怎麼樣呢？若能以預期的收益做為籌集資金的擔保，就不會做出提供低利率借款的提案了。要是日本政府也懂得以轉移時間軸的方式思考，或許能夠爭取到印尼的高鐵建設工程。

不限於基礎建設類的大型案件，任何事業或新商品在創意階段都很容易遇到無法籌集資金的問題而觸礁，或者因此而縮小了創意的格局，然而那樣就無法達到創新了。

將整個事業做為抵押，或是將事業未來的現金流做為抵押。現在已經是個能用這種轉移時間軸的方式籌集資金的時代。

4 橫向發展

——成長的提示就在其他業界中

只會從同業對手中學習的日本經營者

繼轉移時間軸之後，也可以試著將視野朝「橫向」轉移。如此一來，將會看見不一樣的東西。

以日本廠商來說，經常深入鑽研也熟知與自己公司同一業界的企業。比方說理光會針對佳能的製品或技術加以研究，日產汽車會向豐田汽車學習，東芝也會向日立取經。

韓國企業也是如此。比方說三星就曾徹底研究過已出現在市面上的日本家電。從日本身上學不到東西後，就開始將美國的GE當作下一個學習的目標。

日本企業向來擅長學習海外先驅企業。大和運輸就是將學自美國的貨物運送公司UPS及服務遍及兩百多個國家的宅配公司FedEX的東西拿到日本，加以應用。

我並不是要否定學習先驅企業的態度。只是就我看來，太多企業只顧著研究同業，忽略了同業之外也有許多值得研究的企業。

換句話說，在摸熟同行其他企業後，思考就停止了。然而這只是「以為自己什麼都搞懂了」，實際上反而被過去的傳統與固有觀念束縛，如此一來，也不可能想出什麼劃時代的好點子。

前面一再提到，現在是數位大陸的時代，不斷有新的企業和服務誕生，難以輕易預測未來。早在三年前或五年前就想像得到Airbnb和Uber會像現在這樣盛行全世界的日本人應該不多吧；同樣地，你的公司和身處的業界如果一直維持現在的商業型態，沒有人能保證三五年後是否還能生存。正因如此，才必須向不同的業界或業態學習，吸收開創新事業的靈感。

向豐田取經的服裝企業急速成長

印地紡集團是一家總部位於西班牙西北部加利西亞自治區的服裝公司。集團旗下有Bershka、Massimo Dutti、Oysho、Stradivarius等不同的服裝品牌。日本人最熟悉的則應該是ZARA吧，一九九八年一號店在日本開幕以來，國內已有約一百家ZARA門市。

我曾造訪印地紡總公司。總公司並未設在西班牙首都馬德里，也不在面向地中海的巴塞隆納，而是位於西班牙西北部偏遠地帶的海岸小城（加利西亞自治區的拉科魯尼亞）。該公司在這裡按照商品類別及加工程序分別設立了許多加工廠，透過集中設置的工廠追求更高的生產效率。所有工廠的中央，則建造了一座廣達十三萬平方公尺的物流中心。

進入其中參觀，眼前的景象令人驚嘆。無數宛如高速鐵路網般的輸送帶不斷輸送著商品，分別投入朝不同地方出貨的箱子中，速度非常快。一問之下才知道，「這些商品會在四十八小時內送到世界各地的門市」。

一般服裝廠商發給工廠的訂單大概是半年或一年後上架的流行服飾。換句話說，必須先預測流行再開發商品。然而這樣的預測不一定完全準確，市場風向改變的速度很快，原本認為走在時尚尖端的設計，在下單生產的那一刻也可能已經過時。以結果來說，預測失準的流行服飾品牌將產生大量滯銷商品與庫存，最後只能放在過季商品店低價傾銷。

印地紡一開始就對這樣的業界常識存疑。他們的想法是，只要能縮短從設計到上架的時間，就能避免因過時而滯銷的事態。

在這一點上，印地紡學習的對象並非市面上已有的服裝公司。事實上，他們師法的對象是豐田汽車，是物流公司FedEx。

豐田以「看板管理」生產方式聞名，這種生產方式也稱為「即時生產」。在稱為看板的管理用卡片上記載所需零件資訊，按照看板上的資訊「在需要的時候，以需要的數量，生產需要的東西」。如此一來，零件和商品都不會有多餘庫存，能在短期間內將商品送到消費者手上。

印地紡的目標是，當市場「想要某種類型服裝」的兩週後，該種服裝就能在門市上架。為了達到這個目標，印地紡學習了豐田的看板管理生產方式；不只如此，他們又參考FedEx的服務，建造了提高配送速度的巨大物流中心。

用「橫向發展」獲得別人沒有的優勢

最後，印地紡更全面善用網際網路，打造了一個「按需要供給」的時尚系統，以對時尚風向的長期預測為基準選擇儲備的布料與原絲，根據POS資訊管理染色程序。這是因為，如果一開始就先染色，有可能無法跟上最新時尚潮流，所以要用「即時生產」的方式管理染色程序。呼應銷售動向，在幾天內就能完成企劃與生產樣式的開發。為了達到如此快速的流程，必須以超過兩百名設計師組成設計小組。

以POS系統連結總部與世界各地門市，在師法FedEx而建造的巨大物流中心裡，將商品按照系統資訊自動分類，第二天早上就能送往全世界的門市上架。即使是遠在東京六本木的門市，也能在四十八小時內送達。

也就是說，當日本的ZARA門市向總部提出「想要十件這樣的衣服」，設計小組開始設計的兩到三週之後，那十件商品已經在門市上架了。印地紡成功實現了這樣的快速經營。

說起來，豐田汽車的看板管理原本也是橫向發展得來的創意。在豐田汽車的官方網頁上，有這麼一段敘述：

看板管理方式，原本也稱為「超市管理方式」，當初正是從超級市場得到靈感而想出了這個方式。（中略）在需要的時候，以需要的數量準備顧客需要的東西，無論顧客何時上門，都能在超市買到任何想要的東西。

推動即時生產的大野耐一前副社長應用了這個概念，將超市比喻第一段工序，顧客比喻為第二段工序。第一段工序在相當於顧客的第二段工序需要的時候製造需要的零件並提供需要的數量，如此一來，就可避免第一段工序零件製造過剩，第二段工序零件庫存過多的情況，改善原本沒有效率的生產方式。

豐田並未追隨先驅企業的福特或GM，而是以橫向發展的概念學習不同業種的優點，從不同的業種——超市——身上獲得靈感，創造了獨特的看板管理方式。多年後，時尚業界的印地紡則再次模仿了豐田這套做法，如今這樣的印地紡也成為世界時尚SPA企業中營業額最高的企業。

墨西哥的水泥公司成功的原因

再舉一個將觀點橫向發展而成功的企業案例。

墨西哥的水泥製造銷售公司西麥斯，一年約生產九千六百萬噸水泥，是業務遍及世界五十多國的知名水泥大廠。

我開始對這家企業感興趣，是在史丹福大學任教的時候。當時，班上有位男同學是西麥斯公司派來進修的員工。那位同學非常優秀，空閒時經常到我研究室來，對墨西哥的將來和西麥斯今後的發展高談闊論。

西麥斯於一九〇六年創立於墨西哥北部，是一間歷史悠久的老牌水泥公司。然而直到八〇年代前半，仍是與一般水泥公司沒有兩樣的普通企業。

不過，一九八五年羅倫佐．桑布拉諾（Lorenzo Zambrano）就任執行長後，西麥斯有了戲劇性的轉變。其中的關鍵就在於「運送」。

新鮮水泥的品質很快就會變壞，從注入預拌車那一刻就會開始凝固。水泥預拌車後方圓筒形的容器之所以不斷轉動，為的就是在運送過程中適度攪拌水泥，否則土體和水一旦分離，水泥質地就無法保持均勻。基本上，未使用的水泥是活的東西，因此必須更迅速確實地運送到工地現場。

不巧的是，由於墨西哥當時正處於都市開發階段，經常塞車，同時還有天氣不穩，建設作業員的供給不安定等問題需要解決。比方說，因為塞車的緣故延遲抵達工地，導致水泥已經不堪使用；有時即使準時抵達，工地方面卻還沒準備好，結果水泥還是無法順利交付使用。這類狀況令水泥業界頭疼不已。

最大的問題是運送——也就是物流——看出這一點的桑布拉諾決定對運送方式做出改革。這時，他所運用的正是橫向發展的思考。桑布拉諾研究了三件事，分別是FedEx、披薩送到家與救護車。

FedEx是如何在需要的時候，將需要的東西與需要的數量送到顧客手上呢？披薩送到家的服務為什麼能保證「如果沒有在時間內送到家就打折」？救護車為什麼能在塞車情況下，只花十分鐘就抵達現場呢？

根據桑布諾斯研究的結果，西麥斯設計出一套能適度調派水泥預拌車，變更運送路線的系統。有了這套系統，即使接獲臨時訂單也能對應。不但在接獲訂單幾小時後就能迅速送達，還能針對顧客的建設計畫預測需要多少新鮮水泥。如此一來，就不會有多餘的水泥遭到報廢，更不會拖累工程進度。

不只如此，西麥斯更將從異業種學來的物流知識用在收購海外企業上，一躍成為跨國企業。

做為營運模式的「家元制度」

前面介紹的都是企業效法其他業種的橫向發展案例，其實我認為，向非商業組織學習也是一種橫向發展，可以學到不少東西。

比方說，日本的「家元制度」就是其中一個例子。花道、茶道、能樂、日本舞、武術、武道……這些都是家元制度的產物。什麼是家元制度，簡單來說，就是一種「創造老師」的商業模式。

舉例來說，學生找了住家附近的某種才藝教室，投入老師門下學習。只要學生願意，就可以往上升級，平日的練習也多半以升級為目的。因為有明確的段或級等規範，很容易立定升級目標。不久之後，達到一定程度的級數，就可得到老師頒發的師範執照，從學生變成老師。

以茶道的「裏千家」為例說明吧。

①入門、②小習、③茶箱點，晉級到這裡就邁入初級了；接著④茶通箱、⑤唐物、⑥台天目、⑦盆點、⑧和巾點，晉級到這裡是中級；接著⑨行之行台子、⑩大圓草、⑪引次，通過這三級之後就可獲得上級（助講師）的資格，只要經過一定的手續，就能開始招募自己的學生；最後⑫真之行台子、⑬大圓真、⑭正引次，通過這三級後就能當上講師，往後再一步步往上晉升為專任講師與助教授。

在這樣的家元制度下，新誕生的老師（裏千家稱為助講師）可以開始招募自己的門生。不過，這並不等於從組織獨立出去，即使當上了別人的老師，還是會繼續待在自己的老師門下。換句話說，在這樣的結構下，金錢會全部流向最終一人——家元（組織）。

水肺潛水的師資傳承，也可以說是一種家元制度。

可在沒有教練帶領下獨自潛入水深十八公尺處的開放水域潛水員、可潛入水深三十公尺處的進階開放水域潛水員、遇緊急狀況時可執行急救處置的救援潛水員、業餘潛水的最高等級名仕潛水員。再上去就是老師等級了，從潛水長、助教到教練，一步一步往上晉級。

換句話說，用橫向發展的概念看日本傳統家元制度，會發現這也可以運用為一種商業模式。光是現在想得到的就有資訊科技技術人員、區域反射療法師、心理諮商師等，都屬於能援用家元制度的行業。

新興宗教擴展勢力的技巧，也能橫向發展為商業模式的參考。宗教組織往往從零開始發展，他們擴大組織的方式是什麼？對男信徒與女信徒的傳教方式有所不同嗎？如何培育及任命每個地區的領導人？仔細想想，世界上其實充滿了各種能用來橫向發展的創意點子。

結語——「從0到1」的下一個目標是「從1到100」

只是「改善」無法順利成長

二十世紀的商場三要素是「人・物・錢」。然而，如今這三要素已經被群眾外包（Crowdsourcing）、雲端運算（Cloud Computing）、群眾募資（Crowd-funding）的三個雲端（Crowd）取代。即使只有少數幾個人（說得極端一點，就算只有一個人也沒問題），即使沒有設備或資金，在這個時代，還是能展開新事業。

以群眾外包的方式取代員工，人事成本可能只需要過去的幾分之一或幾十分之一，只要善用雲端運算，即使沒有巨大的伺服器，也能擴增事業所需的硬體和軟體。此外，還能以低廉的價格使用各種應用程式。在事業資金方面，則可透過群眾募資的方式從不特定多數人手中籌集資金。新興創業投資（VC）的增加也使集資變得容易許多。

現在美國最大的VC，也是過去曾有自行創業經驗的安霍創投。這是由曾開發網路瀏覽器Mosaic及Netscape的馬克．安德森（Marc Andreessen）以及企業軟體公司Opsware執行長班．霍羅維茲（Ben Horowitz）於二〇〇九年共同創立的公司。該公司的強大之處在於由兩位共同創辦人投入自己的資金成立，做起決斷時比其他運用他人交付資金的大型VC更快，風險也更低。

在日本，以新創企業（開發新商業模式並以短期內大幅成長為目標的企業）為投資對象的VC陸續誕生。VC不只提供資金，為了協助新事業也會介紹優秀且可發揮即時戰力的人才。如今，一個為試圖「從0中創造1」的人們而生的大環境已逐漸成型。

環境產生如此變化的結果，使得全世界在判斷一個事業是否成功時所需的時間越來越短。現在，一般判斷創業是否成功的標準是，二到三年內能否「從0中創造1」並達到盈利。只要在第三年之前達成盈利，接下來一樣活用三個雲端，就有可能進一步「從1到100」，再「從100到1萬」，呈指數函數式成長，擴大規模。

然而日本受到明治維新以來「學習歐美、超越歐美」的精神影響，不少企業至今仍無法擺脫從老舊商業模式中追求成長的目標。

改善、輕薄短小是過去日本企業的關鍵字，過去日本企業一直朝著改善現有成績與追求更輕薄短小的方向成長。換句話說，日本企業擅長的是「從0.3到0.5」或是「從0.7到0.85」。當然，這種做法並不壞，日本企業也用這種方法爬上了世界巔峰。可是，今後時代即將改變，如果無法「從0到1」，將無法在競爭中生存。

在日本以「從0到1」廣受矚目的新創企業是如何思考的

更進一步說，「從0到1」之後，必須再「從1到100」，一口氣擴展規模。因此，打從一開始，企業的架構與組織就得以全球化為前提。

在過去日本企業的觀念中，所謂的全球化是在國內做出成果後，先往美國發展，接著進軍亞洲與歐洲……按部就班地在各國家或地區成立分公司，逐步擴展企業的經營網絡。

然而如今，就像過去我提出的**全球同步模式**（又譯作灑水車模式），必須建立起瞬間於世界各地展開的組織及經營系統才行。

最好的例子就是本書中提到的，使用智慧型手機應用程式展開派車服務的Uber，以及將個人空房轉為付費民宿的住房仲介網站Airbnb。

這兩間公司都在世界各地展開了事業，使用的卻並非過去日本企業進軍海外時按部就班，培養當地人才的手法。在設立後短短數年內便一口氣達到全球化的原因，來自一個簡單明瞭的事業概念、服務內容，以及背後紮實的支持系統——這才是如今走在世界尖端的企業型態。

以智慧型手機為中心的**生態系**迅速遍及全球，正因如此，上述企業型態才能成功實現，這是毫無疑問的事。換句話說，只要是以智慧型手機為基礎的事業概念，就能一口氣遍及全世界，不需要在不同國家建立不同系統。

日本也已出現幾家「從0到1」的新創企業了。

像是提供居家保全商品及服務的Safie。該公司以一萬九千八百日圓販售擁有一百七十度以上廣角鏡頭及紅外線夜視功能的防盜攝影監視器，只要將它裝在玄關或陽台、露台外，隨時都能觀看即時監視畫面。有任何風吹草動，系統會立刻傳送警示到智慧型手機，還能追加月付九百八十日圓的七天內影像自動保存服務。很多人使用這個監視鏡頭守護家中的幼兒或寵物。

另一家是提供網路印刷服務的raksul。以網路結合全國的印刷公司，善用各公司機械閒置的時間，達到以低廉價格提供傳單、宣傳手冊、目錄、明信片、名片等印刷品的印刷服務。對印刷公司而言印刷機是固定成本，提高產能是非常重要的事。raksul著眼於此，建立起利用閒置印刷機，藉以壓低費用的服務。

依照這兩間公司的商業模式，很有希望進軍海外，達成「從1到100」的事業發展。

不過，若是只因達成1就鬆懈安心，開始在國內發展起鄰近領域的事業，試圖展開多角化經營，那頂多只是進展到1.2或1.3」罷了。這種類型的日本企業很常見，殊不知事業就像屏風，一旦攤得太開就會倒下。

為了達到從1到100，該做的不是將已經達到1的事業朝四面八方多角拓展，而是應該專注在眼前，繼續朝同一個方向深入鑽研，拓展同一個領域的世界，以達成100為目標。

在企業中發展新事業的條件

現在，經常可見企業設立內部新事業的動向。這種時候，最重要的是開放外部力量介入以及公司不過度干涉，還有承諾員工成功時能獲得獎勵。

首先為什麼外部力量的介入很重要，原因是不要讓公司握有新事業的**生殺大權**。

具體來說，就是成立專案計畫，從公司外部引進有力人才，交給他們充分的發言權。導入部分外部資本也是一種方法，如此一來，即使是社長也難以推翻他們的意見，避免負責設立新事業的員工因為意見遭孤立而陷入與公司對峙的局面。

此外，當新事業開始順利推動之後，公司（尤其是握有人事權者）往往容易出言干涉。大多數的情況是從總公司空降一個管理、監督該專案的上司，導致專案執行者與公司之間的溝通被此人剝奪；到了這個地步，大部分執行時間尚淺的專案都會瞬間失敗。

公司方面絕對不可放任這樣的人事配置擊垮好不容易上軌道的新事業。

此外當新事業大獲成功，可望獨立為子公司時，該給專案執行者的獎勵也不可少，正確的做法是：事先設計好相應的獎勵機制。

舉例來說，索尼就曾這麼做。盛田昭夫成立CBS Sony Record（現在的日本索尼音樂娛樂）時，將大量股票交給了接任社長的大賀典雄。在此激勵下，大賀致力於發掘培養暢銷歌手，帶領CBS Sony Record成為上市公司。大賀本身雖然是受聘型社長，也因此躋身日本富豪，其資產甚至足以興建一座音樂演奏廳大賀館，並捐贈給了長野縣輕井澤地區。

設立正式獎勵機制的原因有兩個。首先，這就像是將資本盈利的紅蘿蔔掛在驢子眼前一樣，促使員工奮起努力。

另一個原因是，對於成功導入新專案的人才，如果不給予人事權及股利等獎勵，正如前面所提及，公司往往會濫用人事權或行使股東權利，試圖掌控專案事業，結果導致專案失敗，這樣的例子很常見。

可惜的是，或許是我孤陋寡聞，至今仍未聽過有哪家日本企業設立了這種獎勵機制。

考慮到初期投資及其風險，社內新創事業的成果由公司享受，某種程度來說是天經地義的事；然而事前還是必須正式制定規則，承諾事業一旦成功，執行者可獲得何種待遇與獎勵，如果不這麼做，對公司和員工都不是好事。反過來說，一切成功的甜美果實都掌握在公司與部分高層手中的公司，也不可能有任何嶄新事業萌芽。

無論對個人或企業而言，這是個從0中創造1的機會就在眼前的時代。想要獲得成功，關鍵要素是組織如何因應時代變化，以及如何發掘優秀人才。

只要最後一次勝利就夠了

「不需要每件事都做成功，無論途中失敗多少次，只要最後一次成功，就會被稱為成功人士。」

這是書中介紹過的美國運動品牌耐吉創辦人菲爾・奈特經常掛在嘴上的話。

其實，日本也曾有說過類似話語的經營者。那就是做了任天堂五十幾年的（第三代）社長，已故經營者山內溥。任天堂曾是製造販售花牌、撲克牌的公司，藉著掌上型遊戲機 Game & Watch 及家用電視遊樂器 Family Computer 而發展為世界知名遊戲製造商。帶領任天堂走到這一步的，便是人稱「中興之祖」的山內溥。

他總是這麼說：

「我們的世界和大相撲不一樣，就算一勝十四敗還是能做下去。重要的是能不能拿到那一勝。」

山內也說「大企業恐懼失敗，以為八勝七敗才好，所以一點也不可怕。」他的說法是，就算連續輸了十四次，只要最後一次贏得勝利就夠了。

這才是創新需要的思考。

並非所有創意與思考都能通往成功，顛覆過往常識的嘗試，更是不可能輕易成功；然而，若是因為畏懼失敗，只敢摸索確實會成功的道路，就不會產生創新。受限於既有概念的人創造不出嶄新事物，頂多只能用盡全力踩在過往功動的延長線上，死命維持前人的成果。

只要一次就夠了，只要一勝就行了。活在瞬息萬變的社會中，我們都該勇敢挑戰大事業。

不過，這可不是賭博。沒有任何數據資料佐證，光憑直覺上戰場的做法稱不上挑戰事業。此時派上用場的，就是本書中介紹的思考術。

這些思考術是我在長年擔任顧問諮商的生涯中，遇到各種挫折，突破各種極限時使用的思考方法。即使讀完這本書，想必也不可能一夕之間就懂得運用；然而只要在每天的工作中不斷訓練思考，這些訣竅都會默默成為你的血肉，總有一天，不需特別意識，頭腦也會自然如此運作。

現代商業世界正因許多個人腦中誕生的創意不斷革新，不斷變動，希望你也能在其中博得屬於自己的一勝。

大前研一「從 0 到 1」的發想術——商業突破大學最精華的一堂課，突破界限從無到有的大前流思考法／大前研一著／中村嘉孝 ・ 角山祥道編輯協力／邱香凝譯 -- 初版 .-- 台北市：時報文化, 2017. 12； 272 面； 14.8×21 公分（BIG; 283）／譯自 :「0 から 1」の発想術
ISBN 978-957-13-7215-0（平裝）
1. 企業管理　2. 創造性思考

494.1　　106020855

ISBN 978-957-13-7215-0
Printed in Taiwan.

BIG 283

大前研一「從 0 到 1」的發想術—商業突破大學最精華的一堂課，突破界限從無到有的大前流思考法

「0 から 1」の発想術

作者　大前研一｜**編輯協力**　中村嘉孝 ・ 角山祥道｜**譯者**　邱香凝｜**主編**　陳盈華｜**編輯**　林貞嫻｜**美術設計**　陳文德｜**執行企劃**　黃筱涵｜**總編輯**　余宜芳｜**董事長**　趙政岷｜**出版者**　時報文化出版企業股份有限公司　108019 台北市和平西路三段 240 號 4 樓　**發行專線**—(02)2306-6842　**讀者服務專線**—0800-231-705・(02)2304-7103　**讀者服務傳真**—(02)2304-6858　**郵撥**—19344724 時報文化出版公司　**信箱**—10899 臺北華江橋郵局第 99 信箱　**時報悅讀網**—http://www.readingtimes.com.tw｜**法律顧問**　理律法律事務所　陳長文律師、李念祖律師｜**印刷**　勁達印刷有限公司｜**初版一刷**　2017 年 12 月 8 日｜**初版七刷**　2021 年 05 月 4 日｜**定價**　新台幣 330 元｜**版權所有　翻印必究**（缺頁或破損的書，請寄回更換）｜時報文化出版公司成立於 1975 年，並於 1999 年股票上櫃公開發行，於 2008 年脫離中時集團非屬旺中，以「尊重智慧與創意的文化事業」為信念。